EISBRECHER

Wie Sie jeden Interessenten dazu bringen, Sie um eine Präsentation zu bitten

TOM ‚BIG AL' SCHREITER

www.mlm-training.com

ISBN: 978-3902114761

Printed in Europe

Widmung

Dieses Buch ist Networkern auf der ganzen Welt gewidmet.

INHALTSVERZEICHNIS

VORWORT

„Erfolg hinterlässt Hinweise."

Ja, das ist wahr. Aber Hinweise entstehen auch beim Scheitern. Es war im Jahr 1972, zu Beginn meiner Laufbahn im Network Marketing. Ich versuchte, Termine zu erhalten, aber alle meine Ansprechpartner sagten „Nein". Ich bemühte mich, Gespräche mit potentiellen Interessenten zu beginnen, aber sie wechselten schnell das Thema und suchten nach Ausreden, um zu verschwinden. Ich schaltete Anzeigen, um "brandheiße" Interessenten zu finden, aber diese sagten, dass sie kein Interesse an meinem Angebot hätten.

Worin bestand der Hinweis, der in all diesem Scheitern offensichtlich wurde?

Jedes meiner Gespräche begann mit dem grundlegend gleichen Sätzen über meine wunderbare Geschäftsgelegenheit. Die Sätze, die ich auswählte, brachten meine Interessenten dazu, "Nein" zu sagen. Diese falschen, uneingeübten Sätze immer und immer wieder bei neuen Interessenten zu wiederholen, löste das Problem nicht. Denn das Problem bestand darin, dass ich die falschen Worte wählte.

Solange ich meine Einstiegsworte (meine Eisbrecher) nicht änderte, würde sich an meiner Laufbahn nichts ändern. Daher haben Sie nun ein Buch mit erprobten Eisbrechern, damit Sie sich nicht durch Ihr Scheitern zu dem gleichen Hinweis führen lassen müssen.

– Tom „Big Al" Schreiter

KAPITEL 1
„Aaah! Autsch! Auweh!“

- *„Haben Sie einen Plan B für ein Passiveinkommen?”*
- *„Ich bin in einer unglaublichen Geschäftsgelegenheit mit unglaublichen Produkten mit unglaublichen Gründern mit einem unglaublichen Vergütungsplan und unglaublichen Seminaren unterwegs ...”*
- *„Haben Sie Ihre Einkommensmöglichkeiten schon einmal auf den Prüfstand gestellt?”*
- *„Sie sehen wie ein deprimierter Vollversager aus - wie wäre es mit einer Gelegenheit, um ein Gewinnertyp zu werden?”*
- *„Die Weltwirtschaft geht gerade den Bach hinunter. Würden Sie gerne ganz oben sitzen?”*
- *„Wollen Sie für den Rest Ihres Lebens ein langweiliger Angestellter bleiben?”*
- *„Würden Sie gerne über mehrere Einkommensströme verfügen?”*

Ja, all das sind Eisbrecher, mit denen man ein Gespräch beginnen kann. Aber sie sind richtig, richtig **schlecht.** Selbst wenn diese Beispiele nicht für umgehende Zurückweisung sorgen - den Interessenten haben wir damit nicht von der vorteilhaftesten Seite erreicht.

Wir alle sprechen mit Menschen. Das Problem besteht darin, dass wir die **falschen** Dinge sagen.

Wir haben keine Angst davor, mit Menschen zu reden. Wir fühlen uns wohl, wenn wir zu jemandem sagen: *„Hallo, wie geht es Ihnen - schönes Wetter, nicht wahr?"*

Doch es besteht eine große Kluft zwischen diesen beiden Sätzen:

„Hallo, wie geht es Ihnen - schönes Wetter, nicht wahr?"

und

„Wollen Sie mein Vertriebspartner werden?"

Und diese Kluft **ängstigt** uns. Es ist schwer, in einem höflichen zwischenmenschlichen Gespräch die Kurve zur Vorstellung Ihrer Geschäftsgelegenheit zu bekommen, ohne dabei wie ein Hochdruckverkäufer zu wirken. Wir müssen zuerst „das Eis brechen" und unser Angebot auf eine gesellschaftlich akzeptierte Weise in das Gespräch einfließen lassen.

Wenn wir nicht wissen, wie uns dies in eleganter Form gelingt, behandeln wir unser Geschäft einfach als ein Geheimnis. In diesem Fall erfährt niemand etwas darüber und niemand steigt bei unserem Geschäft ein.

Natürlich wollen wir unsere Beziehungen zu anderen Menschen nicht ruinieren. Wir wollen unsere Verwandten nicht übervorteilen. Aber wenn wir diese Sache nicht hinbekommen - wenn wir nicht wissen, was wir sagen sollen - dann werden wir niemanden haben, mit dem wir reden können.

Hier kommt ein interessantes Geheimnis:

Der einzige Unterschied zwischen den Menschen, die im Network Marketing über **unbegrenzte** Interessenten verfügen und denjenigen, die es nicht tun, besteht darin . . . was diese Menschen sagen. Die exakten Worte zu kennen, die Sie sagen müssen, stellt genau diese eine Fähigkeit dar, die jeder Mensch benötigt, der Ihr Angebot in ein Gespräch mit einfließen lassen möchte.

Sehen Sie, wir bringen bereits eine gute Einstellung mit. Wir haben auch die Geschäftspräsentation besucht. Wir glauben bereits an unsere Firma. Wir haben Ziele. Wir wissen, was wir wollen. Wir sind motiviert. Wir sind positiv eingestellt. All diese Dinge haben und tun wir schon.

Das Einzige, woran es uns fehlt, ist: die Fähigkeit, genau zu wissen, **was wir sagen** und **was wir tun** sollen. Aber die gute Neuigkeit lautet: wir können diese Dinge lernen.

Viele Vertriebspartner verfügen über den gleichen Vergütungsplan, den gleichen Standort, die gleichen Produkte und über die gleichen Preise. All diese Umstände in ihrer Laufbahn sind die gleichen. Bis auf eine Sache:

„Was Sie sagen und tun."

„Was Sie sagen und tun" - nicht die oben genannten Umstände - wird die Höhe ihrer Provisionsschecks bestimmen.

Es ist also an der Zeit, dass wir lernen, bessere Dinge zu sagen. Lassen Sie uns anfangen.

KAPITEL 2
Warum ich leide, während Sie reich und glücklich sind

Nehmen wir an, dass wir beide Vertriebspartner wären. Im Anschluss an die wöchentliche Geschäftspräsentation gehe ich noch in ein Restaurant zum Abendessen. Ich setze mich an einen Tisch und die Bedienung kommt zu mir und sagt:

„Was möchten Sie gerne bestellen?"

Ich antworte: *„Ich hätte gerne einen Hamburger, Pommes, einen Salat, Nudeln mit Käse, Knoblauchbrot, einen Heidelbeer-Muffin, Apfelkuchen, Eiscreme, Schokoladenkuchen und eine kalorienarme Cola."*

Die Bedienung bringt meine Bestellung. Ich esse. Ich gehe zu meinem Auto im Parkhaus und denke mir:

„Was für ein armseliges und mieses Geschäft. Niemand hier ist an meiner Geschäftsgelegenheit interessiert. Niemand sucht eine Teilzeittätigkeit. Niemand will Geld investieren, um ein Geschäft zu gründen. Niemand will ein Verkäufer sein. Alle wollen bloß nach Hause gehen und das Fernsehprogramm sehen. Was für ein armseliges und mieses Geschäft!"

Nun aber besuchen Sie dieselbe wöchentliche Geschäftspräsentation und anschließend gehen Sie in das gleiche Restaurant zum Abendessen. Sie setzen sich an den Tisch neben mir, die gleiche Bedienung kommt zu Ihnen und fragt:

„Was möchten Sie gerne bestellen?"

Hierauf fragen Sie: *„Sind Sie mit Ihrem Beruf verheiratet oder sind Sie auch für neue Ideen offen?"*

Die Bedienung denkt einen Moment lang nach und sagt: *„Was?"*

Sie wiederholen: *„Sind Sie mit Ihrem Beruf verheiratet oder sind Sie auch für neue Ideen offen?"*

Die Bedienung antwortet schnell: *„Hey, ich bin für neue Ideen offen. Ich will nicht für den Rest meines Lebens als Bedienung arbeiten. Um was geht es denn?"*

Sie antworten: *„Nun, ich kann jetzt nicht mit Ihnen reden. Sie sind bei Ihrer Arbeit."*

Die Bedienung unterbricht Sie:

„Also gut, haben sie einen Prospekt? Können Sie mir eine Internetseite nennen? Wie lautet Ihre Telefonnummer? Haben Sie eine Visitenkarte? Haben Sie eine CD oder eine DVD? Um was geht es? In 30 Minuten habe ich eine Kaffeepause, dann kann ich zu Ihrem Auto kommen. Wann können wir uns unterhalten?"

Sie beenden Ihr Essen im Restaurant, gehen zu Ihrem Auto und denken:

„Was für ein armseliges und mieses Geschäft. Ich kann nicht einmal in ein Restaurant gehen, ohne dass mich Leute belästigen, mich nach meiner Geschäftsgelegenheit fragen und um eine Präsentation bitten. Ich muss die Leute zurückweisen, damit ich wenigstens in Ruhe essen kann!"

Hoppla, worin bestand der Unterschied?

Wir beide sind in ein Restaurant zum Essen gegangen. Wir hatten beide die gleiche Bedienung. Der einzige Unterschied bestand darin, dass Sie **andere Worte gewählt haben.**

Weil Sie andere, „eingeübte" Worte verwendet haben, verfügen Sie über eine unbegrenzte Zahl von Interessenten, die Sie um eine Geschäftsvorstellung bitten und führen das Leben Ihrer Träume. Da ich „ungeübte" Worte verwendet habe, beschwere ich mich darüber, dass niemand bei meinem Geschäft einsteigen will und mein Network-Geschäft ist eine einzige Frustration.

Der einzige Unterschied in diesem Szenario besteht darin, dass Sie **andere Worte gewählt haben.** Alles andere war gleich.

Diese wenigen Worte („Sind Sie mit Ihrem Beruf verheiratet oder sind Sie auch für neue Ideen offen?") unterscheiden mich – mit einem Leben voller Frustration und ohne Provisionschecks - von Ihnen, Ihrer unbegrenzten Zahl an neuen Interessenten und dem Leben Ihrer Träume.

Einfach nur ein paar eingeübte Worte.

KAPITEL 3
Interessenten sind überall - wenn Sie wissen, was sie sagen sollen

Ich brauche eine Batterie für meine Kamera. Also gehe ich zum örtlichen Elektronik-Geschäft und greife nach einer einzelnen Mikrozelle. Ich gehe an die Kasse und sage:

„Ich möchte gerne diese Mikrozelle kaufen."

Der Kassierer antwortet: *„Das macht € 1.00. Möchten Sie auch eine Garantie dazu?"*

Mutig sage ich: *„Nein, nein, nein – ich riskiere den ganzen Dollar."*

Ich gehe hinaus zum Parkplatz und brumme vor mich hin:

„Was für ein armseliges und mieses Geschäft. Niemand in dieser Stadt ist an einer Geschäftsgelegenheit interessiert. Niemand wünscht sich ein höheres Einkommen. Alle sind mit ihrer Arbeit zufrieden. Niemand ist ein Verkäufer. Jeder glaubt, dass es ein Pyramidensystem sei. Was für ein armseliges und mieses Geschäft!"

Genau hinter mir stehen Sie in der Schlange an der Kasse des Elektronik-Geschäfts. Nachdem ich meine Batterie gekauft und den Laden verlassen habe, stehen Sie vor dem gleichen Kassierer und sagen:

„Ich möchte gerne diese Mikrozelle kaufen."

Der Kassierer antwortet: *„Das macht € 1.00. Möchten Sie auch eine Garantie dazu?"*

Und Sie sagen: *„Nein, ich gehe das Risiko ein. Aber ich bin neugierig, haben Sie schon eine Gelegenheit gefunden, Ihr eigener Chef zu sein, damit Sie nicht jede Woche 40 Stunden lang arbeiten müssen?"*

Der Kassierer denkt einen Moment lang nach und sagt: *„Was?"*

Sie wiederholen: *„Haben Sie schon eine Gelegenheit gefunden, Ihr eigener Chef zu sein, damit Sie nicht jede Woche 40 Stunden lang arbeiten müssen?"*

Der Kassierer lächelt: *„Nein, natürlich nicht, deshalb arbeite ich hier ja auch für den Mindestlohn."*

Daraufhin sagen Sie:

„Nun, ich weiß dass Sie beschäftigt sind und wenig Zeit haben, aber wenn Sie sich einmal entscheiden sollten auf die Suche zu gehen – hier ist meine Visitenkarte. Rufen Sie mich einfach an."

Und während Sie hinausgehen, sagt der Kassierer: *„Hey, ich brauche Sie nicht anzurufen, ich bin auf der Suche. Um was geht es?"*

Sie antworten: *„Nun, sie sind beim Arbeiten, ich kann jetzt nicht mit ihnen reden."*

Der Kassierer gerät in Panik.

„Oh nein, also hier ist meine Telefonnummer. Ich bin um 5:00 Uhr zu Hause, rufen Sie mich dort an. Wenn Sie mich zu Hause nicht erreichen, versuchen Sie es auf meinem Mobiltelefon. Wenn Sie mich dort nicht erreichen, hinterlassen Sie eine Nachricht auf meiner Mailbox, ich melde mich dann gleich bei Ihnen. Gibt es einen Prospekt, den ich ansehen oder eine Internetseite die ich besuchen kann? Bitte erzählen Sie mir doch etwas darüber."

Während Sie zum Parkplatz gehen, sagen Sie:

„Was für ein armseliges und miserables Geschäft! Ich kann nicht einmal eine Batterie kaufen gehen, ohne ständig belästigt zu werden.

Die Leute betteln um eine Chance. Wollen dauernd Geschäftsvorstellungen besuchen."

Was war der Unterschied?

Sie gehen einkaufen und die Leute bitten Sie um eine Geschäftsvorstellung. Ich kaufe an den gleichen Orten ein wie Sie, habe aber keine Interessenten.

Der Unterschied?

Sie und ich haben unterschiedliche Worte gewählt, als Sie mit den gleichen Leuten in Kontakt gekommen sind.

Wenn wir das Prinzip der Eisbrecher richtig verstehen, verfügen wir über viele Interessenten und haben ein gut gehendes Geschäft. Wenn wir jedoch beim Treffen neuer Leute „uneingeübte" Worte verwenden, wird es ein armseliges und miserables Geschäft sein.

KAPITEL 4
In welches Land der Welt ich auch reise – dieses Problem taucht immer auf

Ein neuer Vertriebspartner kommt auf mich zu und sagt:

„Ich muss unbedingt bessere Abschlusstechniken erlernen."

Ich antworte: *„Sehr gut, sehr gut. Erlernen Sie bessere Abschlusstechniken. Aber ich bin neugierig, wie viele Geschäftsvorstellungen geben Sie pro Woche?"*

Der neue Vertriebspartner sagt: *„Oh, schätzungsweise gar keine."*

Also sage ich: *„Vielleicht sind ja Abschlusstechniken gar nicht Ihr Problem. Lassen Sie uns über Geschäftsvorstellungen reden. Wie viele Termine für Geschäftsvorstellungen haben Sie jede Woche?"*

Der neue Vertriebspartner sagt: *„Oh, schätzungsweise gar keine."*

Ich fahre fort: *„Vielleicht sind ja Geschäftsvorstellungen nicht Ihr Problem. Mit wie vielen Menschen vereinbaren Sie jede Woche neue Termine?"*

Der neue Vertriebspartner sagt: *„Oh, mit schätzungsweise gar keinen."*

Hierin liegt das Problem.

Die meisten neuen Vertriebspartner verbringen ihre gesamte Woche damit, nach jemandem zu **suchen**, dem sie ihr Geschäft vorstellen können!

Wäre es also - statt die ganze Woche nach jemandem zu suchen, dem Sie das Geschäft vorstellen können - nicht sinnvoller, die Eisbrecher-Fähigkeiten zu erlernen? Damit Sie die ganze Woche damit verbringen können, Geschäftsvorstellungen zu **geben?**

Wie würde dies Ihre Laufbahn verändern?

Nun, zuerst einmal wären Sie nicht dauernd gestresst und auf der ständigen Suche nach Interessenten.

Zweitens, wenn Sie in dieser Woche ständig Präsentationen zu geben hätten, wäre Ihr Status bei Ihren Interessenten besonders wirkungsvoll. Sie würden sich keine Sorgen darum machen, ob eine einzelne Person einsteigt oder nicht. Weil Sie schließlich eine komplette Woche voller weiterer Geschäftsvorstellungen vor sich haben. Das ist wichtig, denn unsere Interessenten können Verzweiflung buchstäblich riechen, wenn es uns an Kontakten mangelt.

Und drittens, mit guten Eisbrecher-Fähigkeiten können Sie alle Ihre neuen Vertriebspartner zu einem schnellen und erfolgreichen Start führen.

KAPITEL 5
Fallen Sie nicht auf diese Mythen herein

Wir müssen klare Gedanken fassen, schließlich handelt es sich um ein Geschäft. Wir können ein Geschäft nicht anhand von Mythen und Ammenmärchen führen.

Mythos: Aber ich muss besondere Menschen finden!

Nein. Sie müssen keine besonderen Menschen finden. Fast jeder Mensch, mit dem Sie sprechen, ist ... **vorbereitet!** Wie unglaublich ist das?

Denken Sie darüber nach. Wenn Sie mit Interessenten sprechen, wünschen sich diese dann mehr Geld in ihrem Leben ... oder weniger Geld?

Mehr!

Diese Menschen sind schon vorbereitet, eine Gelegenheit zu finden. Aber sie mögen vielleicht noch nicht auf die Worte vorbereitet sein, die wir auswählen, um in unseren Gesprächen „das Eis zu brechen".

Vielleicht haben Sie auch weitere Mythen wie diese gehört. Fallen sie nicht darauf herein!

Mythos: Sie können dem richtigen Menschen nichts Falsches sagen.

Selbstverständlich können Sie etwas Falsches sagen. Das ist der Grund, warum Menschen auf uns mit „Nein" reagieren, statt um eine

Geschäftsvorstellung zu bitten. Zu Beginn meiner Laufbahn habe ich zu einer Menge großartiger Interessenten die falschen Dinge gesagt und sie deshalb verloren.

Mythos: Sie können der falschen Person nichts Richtiges sagen.

Tatsächlich? Wie also soll sich für diesen Menschen dann jemals etwas ändern? Dieser Mensch ist nicht für den Rest seines Lebens zum Scheitern verurteilt. Irgendwann wird jemand schließlich etwas sagen, das im Leben dieses Menschen für eine Änderung sorgt.

Mythos: Gehen Sie einfach los und holen sich 100 mal ein „Nein“ von Ihren Interessenten ab.

Auutsch. Lassen Sie uns das genauer betrachten: Wenn es schon weh tut, das Wort „Nein“ lediglich dreimal zu hören, würden sie dann 97 weitere Male das schmerzhafte Wort „Nein“ hören wollen? Wäre es nicht sinnvoller, „eingeübte” Worte zu erlernen, damit Ihre Interessenten stattdessen mit „Ja“ antworten?

Mythos: Jedes „Nein“ bringt Sie dem nächsten „Ja!” näher.

Nein, jedes weitere „Nein” bringt Sie lediglich dem nächsten „Nein” näher, wenn Sie die falschen Worte wählen. Wenn die Worte, die Sie verwenden, ein „Nein” als Antwort erzeugen, dann wird jeder weitere Einsatz dieser Worte Ihre Ergebnisse nicht verändern. Wenn Sie sich eine andere Antwort wünschen, dann ändern Sie Ihre Worte.

Falsche und „uneingeübte” Worte lassen unsere Ansprechpartner sauer reagieren. Als ich mit meinem Geschäft angefangen habe, sprach ich mit all meinen Verwandten. Und ich wurde von Hochzeiten und Beerdigungen ausgeladen. Ich sprach mit meinen Kollegen und diese ließen ihre Kaffeepause ausfallen, um sich nicht mehr mit mir unterhalten zu müssen. Ich sprach mit meinen Freunden und sie wechselten die Straßenseite.

Erkennen Sie hier einen Trend?

Doch nachdem ich meine Worte geändert hatte, stiegen viele dieser Menschen bei mir ein und wurden zu guten Führungskräften. Genau dieselben Menschen.

Es geht nicht so sehr darum, die richtige Person zu finden. Es geht darum, die richtigen „eingeübten“ Worte zu verwenden. Wir starten im Network Marketing, wir finden die richtigen Leute, aber wir ruinieren sie mit den falschen Worten.

Hier ist eine Geschichte, die ich neuen Vertriebspartnern erzähle, damit sie daran denken, dass es nicht darum geht, die richtige Person zu finden. Sondern darum, die richtigen Worte auszusprechen.

Die romantische Verabredung.

Stellen Sie sich vor, ich wäre Single und besuche eine Party, weil ich mir davon verspreche, eine Verabredung zu erhalten. Zu den Frauen, die ich dort kennen lerne, sage ich:

„Wie alt sind Sie doch gleich?”

„Wie viel wiegen Sie?”

„Mit welcher Tönung färben Sie Ihre Haare?”

„Sind Ihre Zähne echt?”

„Wie viel Makeup legen Sie jeden Morgen auf?”

„Oh, Sie sind gar nicht schwanger?”

Was glauben Sie, wie viele Verabredungen ich wohl erhalten werde? Keine einzige. Ich verlasse die Party und sage: *„Es gibt keine guten Interessenten bei dieser Party. Manche dieser Frauen mögen noch nicht einmal Männer. Helfe mir doch bitte jemand, eine neue Party zu finden, bei der ich ein paar gute Interessenten finden kann!”*

Nun, was wird wohl bei der nächsten Party geschehen? Ich werde das exakt gleiche Ergebnis erhalten, weil ich die exakt gleichen „uneingeübten“ Worte verwende.

Aber ist es möglich, dass jemand anderer diese erste Party besuchen und eine Verabredung erhalten kann? Klar. Dieser Mensch würde einfach nur andere Worte verwenden..

Immer noch unsicher, ob Worte für den Unterschied sorgen?

Es gibt immer mindestens zwei Möglichkeiten, etwas zu beschreiben. Die Wahl Ihrer Worte wird Ihre Ergebnisse in hohem Maß beeinflussen. Hier ist das Beispiel eines jungen Mannes, der sich mit seiner Verabredung unterhält:

Wortwahl Nr.1: „*Wenn ich in deine Augen sehe, bleibt die Zeit stehen.*"

Wortwahl Nr.2: „*Dein Gesicht bringt eine Uhr zum Stillstand!*"

Beide Formulierungen beschreiben nahezu das Gleiche. Aber die Ergebnisse werden deutlich anders ausfallen!

Eisbrecher sind die ersten Worte in einem Gespräch, bei dem wir unsere Produkte oder unsere Geschäftsgelegenheit erwähnen. Und diejenigen Worte, die wir als Eisbrecher wählen, können den Unterschied zwischen einem fantastischen Network-Geschäft und einem mächtigen Scheitern bedeuten.

KAPITEL 6
Diese ersten unsicheren Worte an Ihre Schwester

Lassen Sie uns betrachten, was zu Beginn unserer Network-Laufbahn geschieht. Es ist Sonntag, ich besuche meine Schwester zum Abendessen. Als frischgebackener Vertriebspartner kann ich es kaum erwarten, mit meiner Schwester über mein wundervolles Geschäft zu sprechen.

Ich esse so vor mich hin . . . mampf, mampf, mampf, mampf, mampf. Ich habe mit ihr über die Kinder gesprochen. Mampf, mampf, mampf, mampf, mampf. Ich habe mit ihr über das Wetter gesprochen. Mampf, mampf, mampf, mampf, mampf. Ich habe mit ihr über die örtliche Politik gesprochen. Mampf, mampf, mampf, mampf, mampf. Ich habe mit ihr über ihre Arbeit gesprochen. Mampf, mampf, mampf, mampf, mampf. Ich habe ihr 20 Fragen über ihr Leben gestellt. Mampf, mampf, mampf, mampf, mampf.

Und zu keinem Zeitpunkt hat sich meine Schwester zu mir gewandt und gefragt:

„Sag' mal, Brüderchen – hast du nicht irgendwelche neuen Geschäftsgelegenheiten im Angebot, von denen du mir erzählen möchtest?"

Also liegt es an mir, „das Eis zu brechen" und mein Network-Geschäft in dieses Familiengespräch einzuflechten.

Und hier ist das Problem: jeder Mensch kann sich mit anderen Menschen unterhalten. Jeder kann sagen: *„Hallo, wie geht's? Wie ist das Wetter?"* Das ist einfach.

Aber es existiert eine große Kluft zwischen *„Hallo, wie geht's? Wie ist das Wetter?"* und *„Willst du ein Vertriebspartner werden?"*

Diese große Kluft ist es, die uns ängstigt. Wir wollen nicht wie ein schmieriger Verkäufer dastehen oder so wirken, als ob wir andere Leute ausnutzen wollen. Aufgrund dieser Angst sagen wir dann oftmals gar nichts. Und hierdurch ruinieren wir unser Geschäft.

Da nun mein Geschäft auf dem Spiel steht, weiß ich, dass ich irgendetwas sagen muss.

1. Wenn ich das Richtige sage, wird mich meine Schwester um eine Präsentation bitten. Das wäre schön.

2. Aber wenn ich etwas Falsches erzähle, was wird sie dann sagen?

> *„Setz dich auf die andere Seite des Tisches."*
>
> *„Sprich zu dieser Hand."*
>
> *„Komm´ hier nie wieder zum Essen."*

Und da das Ganze hier richtig hässlich werden kann, bin ich sehr, sehr nervös.

Ich esse also weiter vor mich hin, mampf, mampf, mampf, mampf, mampf. Ich rede noch mehr über Politik, Kinder, ihre Ferien, die Verwandten und nochmal über das Wetter! Wenn ich nicht bald in Bezug auf mein Geschäft „das Eis breche", ist der Nachtisch vorüber und es wird an der Zeit sein, nach Hause zu gehen.

Dieser Augenblick ... stellt meine Laufbahn in Frage.

Das ist die Realität.

Wenn ich es richtig mache, werde ich viele Menschen zum Reden haben. Diese werden mich um Präsentationen bitten. Wenn ich es falsch mache, bleibt der Kühlschrank leer.

Also denke ich: *„Jetzt ist der Moment. Sei mutig. Pack´ es an. Visualisiere deine Ziele. Die Leasingrate ist fällig."*

Ich hole tief Atem und sage: *„Hey, Schwester – willst du gerne ein Networker werden?"*

Das war nur ein Scherz. So etwas Dummes würde ich niemals sagen stattdessen sage ich:

„Hey, Schwester, ich bin auf der internationalen Suche nach unternehmerischen Talenten, die nach zeitlicher und finanzieller Freiheit Ausschau halten wobei sie ihre Bemühungen durch mehrfache Einkommensströme in Form eines Passiveinkommens erweitern und somit Hebelwirkung auf ihre Zeit ausüben können ..."

Ich bin erledigt.

Im Kopf meiner Schwester beginnst das Verkäuferwarnsignal zu läuten. Sie weiß auch, dass ich normalerweise nicht so komisch rede. Vielleicht hat ein Außerirdischer von meinem Körper Besitz ergriffen. Darüber hinaus verwende ich zu viele Branchenbegriffe wie z.B. Networker, Upline, Downline, Crossline, Wäscheleine, persönliches Volumen, Gruppenvolumen, usw.

Es beginnt, richtig hässlich zu werden.

Aber ich bin kein Typ, der vorzeitig aufgibt! Ich versuche es noch einmal, indem ich sage: *„Hey Schwesterherz, lass´ mich dir von der heutigen Unsicherheit im Wirtschaftsleben berichten. Die Banken stecken in einer Krise. Die großen Konzerne halten uns in Armut. Die Renten sind nicht mehr sicher. Die Leute verlieren ihre Arbeitsplätze. Beide Ehepartner müssen arbeiten. Es ist das Ende des Familienlebens. 65 % aller Leute sind tot oder sollten schon tot sein ..."*

Ich frage mich gerade, ob es wohl die Formulierung „am erledigtsten" gibt . . . das hier wird richtig schief gehen.

Nun bin ich verzweifelt. Es ist an der Zeit, direkt zu werden. Meiner Schwester einfach nur von meiner großartigen Firma und meinen großartigen Produkten zu berichten. Alles andere hat nicht funktioniert. Also sage ich:

„Hey Schwesterherz, ich bin ein Vertriebspartner für die wunderbare Firma aus der wunderbaren Stadt namens Wunderbar in Texas, gegründet von Herrn Wunderbar persönlich. Er ist ein wunderbarer Familienvater. Um das zu beweisen, hat er schon mehrere Familien gegründet. Die Firma hat wunderbare Faxgeräte, wunderbare Computer, wunderbare Drucker und alles ist wunderbar, wunderbar, wunderbar!"

Was wird meine Schwester denken? Sie denkt: *„Wunderbar. Mein Bruder ist bei einer Sekte eingestiegen. Und wenn ich auch mitmache, werde ich mich genauso idiotisch anhören, wie er es gerade tut."*

Nun, es liegt nicht an der Firma Wunderbar und ihren Produkten. Es ist nur so, dass ich die Firma zum falschen Zeitpunkt vorstelle. Ich muss zuerst „das Eis brechen".

In diesem Moment steht meine Laufbahn auf dem Spiel. Und ich habe es verbockt!

Es ist an der Zeit, ernsthaft zu werden und zu lernen, wie man Eisbrecher auf professionelle Weise einsetzt.

Die Regeln.

Ich habe ein paar Regeln über Präsentationen und Eisbrecher.

Regel Nr.1: Ich gebe nur Präsentationen vor Menschen, die mich zuvor um eine Präsentation **gebeten haben.**

Der Grund, warum ich das tue, besteht darin, dass ich ein kompletter Feigling bin. Ich hasse Zurückweisung. Ich will mich und mein Geschäft niemandem aufdrängen.

Und ich weiß, was Sie gerade denken:

„Wenn ich nur vor den Menschen Präsentationen halte, die mich zuvor darum gebeten haben, dann werde ich verhungern!"

Entspannen Sie sich. Alles, was wir lernen werden, ist die Fähigkeit, wie man Interessenten dazu bringt, um etwas zu bitten. Für die meisten Networker werden die Dinge viel einfacher, wenn ein Interessent um eine Präsentation **bittet.**

Übrigens, wie würde sich Ihr Leben ändern, wenn Sie die ganze Woche über von Menschen um eine Präsentation gebeten würden? Das Leben wäre toll, nicht wahr? Daher könnte allein diese eine Fähigkeit, das Prinzip der Eisbrecher, Ihr Geschäft schnell voranbringen.

Denn wenn Sie ständig über Menschen verfügen, die Sie um Präsentationen bitten, werden Sie schließlich auch irgendeine Art von Geschäft aufbauen, nicht wahr? Selbst, wenn Sie keine ordentliche Präsentation halten können, werden ein paar Interessenten nur aufgrund ihres Mitgefühls einsteigen!

Regel Nr. 2: Eisbrecher sollten zu 100% risikofrei sein. Wenn es irgendeine Möglichkeit zur Zurückweisung gibt, werden unsere Vertriebspartner Angst davor haben, diese Worte einzusetzen.

Regel Nr. 3: Eisbrecher sollten unsere Schwester oder jemand anderen niemals unter Druck setzen oder in eine peinliche Situation bringen. Wenn Sie Ihre Schwester unter Druck setzen oder peinlich berühren, werden Sie nie wieder zum Abendessen eingeladen und das ist eine schlechte Sache. Außerdem stellt es einfach nur gute Manieren dar, sich höflich zu benehmen.

Regel Nr. 4: Eisbrecher sollten eine hohe Erfolgswahrscheinlichkeit haben. Denn wenn Ihre Eisbrecher nicht funktionieren - nun, dann wird niemand damit arbeiten.

KAPITEL 7
Formel Nr. 1

Sie können viele erstklassige Eisbrecher anhand von Formeln erstellen. Lassen Sie uns jetzt eine dieser Formeln einsetzen.

Wir gehen zurück ins Haus meiner Schwester. Mampf, mampf, mampf, mampf, mampf. Ich habe über das Wetter gesprochen. Ich habe auch schon über alles Andere gesprochen, also drehe ich mich zu meiner Schwester und sage:

„Hey Schwesterherz, ich habe kürzlich herausgefunden, wie wir jeden Monat einen zusätzlichen Gehaltsscheck erhalten können. Wenn du irgendwann einmal erfahren möchtest, wie es geht, dann erkläre ich es dir gerne. Und jetzt reich' mir doch bitte einmal die Erbsen, ja?"

Wenn meine Schwester nun interessiert ist, was wird sie dann wohl sagen?

„Erzähl mir mehr darüber."

Sie bittet mich um eine Präsentation, ohne jegliche Zurückweisung!

Ich würde daraufhin sagen: *„Klar, ich erzähle es dir - nach dem Essen."*

Meine Schwester antwortet: *„Nein, nein, nein! Sag' es mir jetzt, ich brauche einen zusätzlichen Gehaltsscheck."*

Ich antworte: *„Ich werde es dir nach dem Dessert erzählen, nachdem wir den Tisch aufgeräumt haben."*

Meine Schwester sagt: *„Nein, sag´es mir jetzt!"*

Handelt es sich hierbei um ein gutes Problem? Ja! Meine Schwester bettelt darum, eine Präsentation zu erhalten. Ohne jede Zurückweisung.

Angenommen, meine Schwester wäre nicht interessiert, was würde sie dann tun? Sie würde mir einfach die Erbsen reichen. Und ich hätte trotzdem gewonnen, weil ich etwas zu Essen bekomme! Aber, viel wichtiger, es gab keine Zurückweisung.

Habe ich meine Schwester in irgendeiner Form unter Druck gesetzt oder in eine peinliche Situation gebracht? Nein. Hat diese Vorgehensweise eine hohe Erfolgswahrscheinlichkeit? Ja.

Warum also hat dies funktioniert?

Zuerst einmal bremst die Formulierung *„Ich habe kürzlich herausgefunden ...”* die Gedanken unseres Ansprechpartners, bringt das bewusste Denken zu einer kompletten Pause, lässt das Gehirn alles vergessen, worüber es gerade nachgedacht hat und bringt den Zuhörer dazu, sich vollständig auf meine nächsten Worte zu konzentrieren. Cool, oder?

Das Unterbewusstsein verfügt über einige Programme, die unser Leben steuern. Und eines dieser Programme lautet „Überleben”. Wenn wir also die Worte *„Ich habe kürzlich herausgefunden”* hören, befiehlt uns der Überlebensmodus: *„Jede Tätigkeit einstellen. Dies könnte für unser Überleben wichtig sein. Pssst. Leise sein. Zuhören.”*

Ein weiteres Programm heißt „Neugier“. Der Neugiermodus fragt: *„Was hast du herausgefunden? Ich muss wissen, was du herausgefunden hast. Ich kann nicht mit meinem Leben fortfahren, solange ich nicht weiß, was du herausgefunden hast. Pssst. Leise sein. Zuhören.”*

Unser Interessent hat keine Chance. Er muss zuhören. Sehen Sie es wie folgt: Wenn niemand zuhört, sind Ihre Chancen ziemlich dünn. Wir müssen die Gedanken stoppen und die Aufmerksamkeit des Interessenten gewinnen.

Anschließend, nach *„Ich habe kürzlich herausgefunden ..."* können wir einen Nutzen einfügen. Jetzt hört der Interessent genau auf diesen Nutzen und will gewöhnlich auch mehr darüber erfahren, wie er diesen Nutzen erhalten kann. Also bittet der Interessent natürlich darum, mehr zu erfahren. Was für eine großartige Methode, unsere Interessenten dazu zu bringen, um Präsentationen zu bitten.

Wie sieht es mit dem abschließenden Satz des Eisbrechers aus, den ich verwendet habe?

„Wenn du irgendwann einmal erfahren möchtest, wie es geht, dann erkläre ich es dir gerne. Und jetzt reich' mir doch bitte einmal die Erbsen, ja?"

Hierdurch erhält der Interessent eine einfache Möglichkeit, zu sagen: *„Nein, ich bin nicht interessiert"*, indem wir ihm erlauben, einfach die Erbsen weiter zu reichen und keine weitere Reaktion erwarten. Unsere Interessenten müssen sich keine dummen Einwände und Ausreden einfallen lassen, wenn sie nicht interessiert sind.

Wenn Sie nicht glauben, dass dies funktioniert, können Sie es auf eigene Faust probieren. Beweisen Sie sich selbst, dass Sie mit den vier Worten *„Ich habe kürzlich herausgefunden ..."* Gedanken anhalten können.

Versuchen Sie Folgendes: haben Sie irgendwelche Verwandten, denen Sie es gerne heimzahlen möchten? Dann setzen Sie sich beim nächsten Familientreffen an das Ende des Tisches. Essen Sie weiter. Mampf, mampf, mampf, mampf, mampf. Wenden Sie sich zu einem Ihrer Verwandten und sagen Sie zum Beispiel: *„Weißt du, ich habe kürzlich herausgefunden ..."* und dann sagen Sie kein weiteres Wort. Es wird diesen Menschen wahnsinnig machen.

Ist Ihnen aufgefallen, dass es sich hierbei um eine einfache Formel handelt, die das Interesse der Interessenten weckt? Und die sie dazu bewegt, um eine Präsentation zu bitten, während gleichzeitig keine besondere Einstellung, keine Traumcollage, kein Charisma und kein besonderer Mut notwendig sind?

Ja, jeder Mensch kann Eisbrecher einsetzen. Selbst der schüchterne, brandneue Vertriebspartner.

Verinnerlichen Sie Formel Nr. 1:

„Ich habe kürzlich herausgefunden" + Vorteil bzw. Nutzen = Großartiger Eisbrecher

Und falls es Ihnen zu schwer fällt, diese Formel zu verinnerlichen, füllen Sie einfach die leeren Stellen im folgenden Mustersatz aus:

Hey ____________ ,

ich habe kürzlich erst herausgefunden, wie man ____________________ .

Wenn du irgendwann einmal erfahren möchtest, wie es geht, sage ich es dir gerne, und jetzt __________!

KAPITEL 8
Lassen Sie uns mit dieser Formel ein wenig Spaß haben

Wir fügen nun einige Vorteile ein und wollen schauen, wie es sich anhört.

Sie sind bei der Arbeit und wollen mit einem Ihrer Kollegen über Ihr Geschäft reden. Sie sagen zu ihrem Kollegen:

„Hey Joe, ich habe kürzlich herausgefunden, wie wir den Chef feuern und unser eigenes Geschäft gründen können. Wenn du irgendwann einmal erfahren möchtest, wie es geht, erzähle ich es dir gerne. Und jetzt lass uns in die Kaffeepause gehen."

Was wird Joe sagen?

„Lass uns eine lange Kaffeepause machen."

Einfach, nicht wahr? Sie wissen, dass dies bei den meisten Leuten an Ihrer Arbeitsstelle funktionieren wird, außer ... bei Ihrem Chef. Alle werden sich bei der Kaffeepause mit Ihnen unterhalten wollen.

Aber vielleicht gehen Sie ja gar nicht zur Arbeit. Vielleicht sind Sie Hausfrau und Mutter und Ihre Interessentinnen sind andere Hausfrauen und Mütter. Dann könnten Sie Folgendes sagen:

„Hey Mary, ich habe kürzlich herausgefunden, wie wir mit unseren Kindern zu Hause bleiben und trotzdem ein Vollzeitgehalt beziehen können. Wenn es dich irgendwann einmal interessiert, erzähle ich dir gern mehr darüber. Und jetzt lass uns mit den Kindern in den Park gehen."

Was glauben Sie, werden die meisten Marys sagen?

„Erzähl mir mehr darüber."

Ich habe noch nie eine Mary sagen hören: *„Oh, ich möchte lieber die Kinder in der Tagesstätte abgeben."*

Kennen Sie jemanden, der 50 Jahre alt ist? Dann können Sie Folgendes sagen:

„Hey Joe, ich habe kürzlich herausgefunden, wie du früher in den Ruhestand gehen kannst – bei voller Bezahlung. Wenn es dich irgendwann einmal interessiert, lass es mich gerne wissen. Und jetzt lass' uns wieder an die Arbeit gehen."

Wird Joe Sie wieder zurück zur Arbeit gehen lassen? Nein. Er sagt:

„Bleib genau hier stehen, sag es mir jetzt."

Nun, für jemanden, der 18 Jahre alt ist, wird dieser Satz nicht funktionieren. Zu dieser Person könnten Sie sagen:

„Hey Joe, ich habe kürzlich herausgefunden, wie wir nicht mehr 45 Jahre lang arbeiten müssen, wie es unsere Eltern noch mussten. Wenn es dich irgendwann einmal interessiert, erzähle ich es dir gerne. Und jetzt lass uns wieder zurückgehen und Videospiele zocken."

Sitzen Sie gemeinsam mit einer Freundin vor dem Fernseher? Dann können Sie den folgenden Satz verwenden:

„Hey Mary, ich habe kürzlich herausgefunden, wie wir drei Wochen im Monat arbeiten können, aber für vier bezahlt werden. Wenn es dich irgendwann einmal interessiert, erzähle ich dir gern mehr darüber. Und jetzt lass´ uns wieder die Nachrichten ansehen."

Sie können es auch auf eine andere Weise sagen, wenn sie möchten. Z. B. wie folgt:

„Hey Mary, ich habe kürzlich herausgefunden, wie wir jeden Monat eine Woche Urlaub machen können. Und wir brauchen nicht bei unseren Schwiegereltern zu bleiben. Wenn es dich irgendwann einmal

interessiert, erzähle ich dir gern mehr darüber. Und jetzt gib mir doch bitte die Fernbedienung."

Was glauben Sie, wird Mary wohl sagen?

„Jeden Monat eine Woche Urlaub mit der Familie? Ja, wir sehen uns viel zu selten. Tolle Idee. Erzähl´ mir mehr darüber."

Wollen Sie zukünftige Führungskräfte gewinnen? Sie sitzen vor dem Fernseher und sagen:

„Hey Mary, ich habe kürzlich herausgefunden, wie wir zweimal im Jahr 6 Monate Urlaub machen können."

Ja, Mary wird lachen, aber dann wird sie sagen: *„Erzähl' mir mehr darüber."*

Wenn Sie mit Menschen reden, die einen langen Arbeitsweg haben, können Sie sagen:

„Hey Joe, ich habe kürzlich herausgefunden, wie wir nie wieder Zeit mit dem Weg zur Arbeit verschwenden müssen. Wenn es dich irgendwann einmal interessiert, erzähle ich dir gern mehr darüber. Und jetzt hoffe ich, dass wir noch einen Platz im Zug bekommen."

Wenn Sie sich mit Sekretärinnen unterhalten, können Sie folgendes sagen:

„Hey Mary, ich habe kürzlich herausgefunden, wie eine Sekretärin in Teilzeit mehr Geld verdienen kann, als deren Chef in Vollzeit. Wenn es dich irgendwann einmal interessiert, erzähle ich dir gern mehr darüber. Und jetzt kannst du wieder mit dem Feilen deiner Nägel fortfahren."

Zugegeben, das war ein bisschen übertrieben. Aber es ist eine gute Vorlage für viele Szenarien, wie etwa die Folgenden:

- **Ich habe kürzlich herausgefunden, wie Hausfrauen mehr Geld in Teilzeit verdienen können, als ihre Ehemänner in Vollzeit.**

- **Ich habe kürzlich herausgefunden, wie Gemeindemitarbeiter mehr Geld in Teilzeit verdienen können, als der Bürgermeister in seiner Vollzeittätigkeit.**

Setzen Sie einfach Ihre Vorstellungskraft ein!

Das, was wir sagen, sorgt für den Unterschied. Ich höre z.B. eine Menge Networker, die sich über Studenten beschweren. Sie sagen:

„Was für eine Bande von faulen nutzlosen unmotivierten ..."

Aber warten Sie. Vielleicht sind gar nicht die Studenten schuld. Vielleicht liegt es daran, was wir gesagt und getan haben. Würden Sie mir zustimmen, dass uns – wenn wir etwas Besseres sagen und tun würden – zumindest ein paar von ihnen um eine Präsentation bitten würden? Vielleicht nicht alle, aber einige würden zumindest fragen.

Zu einem Studenten würde ich daher Folgendes sagen:

„Hey Joe, ich habe kürzlich herausgefunden, wie Studenten in Teilzeit mehr Geld verdienen können, als es ihre Professoren in Vollzeit tun. Wenn es dich irgendwann einmal interessiert, erzähle ich dir gern mehr darüber. Und jetzt kannst du dich wieder mit Videospielen und Biertrinken befassen."

Ich denke, wir könnten sicherlich mehr Studenten dazu bewegen, uns um eine Präsentation bitten, wenn wir unsere Sätze auf diese einfache Weise ändern würden.

Zu einem Freund können Sie sagen:

„Ich habe kürzlich herausgefunden, wir nie wieder zur Arbeit gehen müssen. Wenn es dich irgendwann einmal interessiert, erzähle ich dir gern mehr darüber. Und jetzt lass uns zum Kegeln gehen."

Oder versuchen Sie das hier:,

„Ich habe kürzlich herausgefunden, wie wir ein 5-tägiges, statt lediglich einem 2-tägigen Wochenende nehmen können. Wenn es dich

irgendwann einmal interessiert, erzähle ich dir gern mehr darüber. Übrigens, wie geht es deinem Hund?"

Oder:

„Ich habe kürzlich herausgefunden, wie man nie wieder am Wochenende arbeiten muss. Wenn es dich irgendwann einmal interessiert, erzähle ich dir gern mehr darüber. Übrigens, hast du gestern Abend diese großartige Fernsehshow gesehen?"

Nehmen wir an, dass der Steuervorteil Ihres Geschäfts monatlich € 200 wert ist. Sie sind also bei einer Party, drei Menschen stehen um Sie herum und halten sich an ihren Gläsern fest. Eine Person dreht sich zu Ihnen und sagt *„Und, was gibt es Neues bei dir?"*

Sie antworten:

„Ich habe kürzlich herausgefunden, wie wir jeden Monat eine Steuerrückerstattung in Höhe von € 200.00 erhalten können. Wenn es dich irgendwann einmal interessiert, erzähle ich dir gern mehr darüber. Und jetzt lass uns ans Buffet gehen."

Wird man Sie zum Buffet gehen lassen? Nein. Man wird sagen:

„Hey, wenn du es bekommst, steht es mir auch zu. Wie können wir diese Rückzahlung erhalten? Was müssen wir tun? Worum geht es?"

Der schwierigste Teil des Network Marketing ist nun vorüber. Man bittet Sie um eine Präsentation. An dieser Stelle haben Sie nun die folgenden Möglichkeiten:

1. Eine CD überreichen.
2. Eine Broschüre aushändigen.
3. Diese Menschen zu einer Webseite schicken.
4. In Panik verfallen und sagen, dass Sie keine Ahnung haben, aber dass Ihr Sponsor anrufen wird.
5. Sie zu einem Meeting einladen.

6. Ihnen ein Muster Ihrer Produkte überreichen.
7. Einen Termin vereinbaren, um morgen darüber zu sprechen.
8. Sie darum bitten, an einer Telefonkonferenz mit Ihrem Sponsor teilzunehmen.
9. Einen gemeinsamen Termin mit Ihrem Sponsor beim Kaffee vereinbaren.

Und wenn Sie über noch bessere Fähigkeiten verfügen, könnten Sie:

10. Eine „Ein-Minuten-Präsentation" abhalten.
11. Eine „Zwei-Minuten-Story" in deren Unterbewusstsein verankern.

Und wenn Sie über noch bessere Fähigkeiten verfügen, könnten Sie sogar noch mehr tun. Aber worauf es ankommt, ist: Sie haben viele Möglichkeiten, aus denen Sie auswählen können. Denken Sie daran, dass der schwierigste Teil vorüber ist. Man bittet Sie um eine Präsentation.

Erkennen Sie jetzt ein Muster?

Es ist einfach. Die Formel lautet:

„Ich habe kürzlich herausgefunden …", gefolgt von einem Vorteil.

Aber vielleicht denken Sie jetzt: *„Moment mal, bei diesen Eisbrechern geht es ja immer nur ums Geschäft. Ich möchte aber über meine Produkte und Dienstleistungen sprechen."*

Also gut, lassen Sie uns ein paar verschiedene Produkt-und Dienstleistungsbeispiele finden. *„Ich habe kürzlich herausgefunden* …", und fügen dann einen Vorteil an. Sind Sie bereit?

Für Nahrungsergänzungen:

- Wie wir jeden Morgen eine Stunde früher aufwachen und Bäume ausreißen können.
- Wie wir in nur 7 Minuten einschlafen können, nachdem unser Kopf das Kissen berührt hat.
- Wie wir uns so fühlen können, als ob wir wieder 16 Jahre alt wären, jedoch mit besserem Urteilsvermögen.
- Wie wir über mehr Energie verfügen können als unsere Enkelkinder.
- Wie wir ein eisernes Immunsystem erhalten, damit uns nichts aus der Bahn werfen kann.
- Wie wir unsere Kinder vor all den Bazillen in der Schule schützen können.
- Wie wir genügend Energie haben können, um beim Nachhausekommen Tanzen zu wollen.
- Wie wir über so viel Energie verfügen können, dass es eine Betäubungspfeil bräuchte, damit man uns nur zum Hinsetzen überreden kann.
- Wie wir unsere Kinder dazu bringen, Obst und Gemüse zu essen, ohne dass diese es überhaupt wissen.
- Für Hautpflegeprodukte:
- Wie wir unsere Haut mit nur 45 Sekunden am Tag 20 Jahre jünger aussehen lassen können.
- Wie wir unsere Fältchen um 20 Jahre verjüngern können.
- Wie wir unsere Haut im Schlaf jünger werden lassen können.
- Wie wir unsere Haut so jung aussehen lassen können, dass uns im Restaurant kein Alkohol mehr serviert wird. (Zugegeben, leicht übertrieben, aber lustig.)

- Wie sich die Akne unserer Tochter in nur neun Tagen verbessern lässt.
- Wie wir unsere Haut vor den (hiesigen) harten Wintern schützen können.

Für Diätprodukte:

- Wie Sie in den nächsten zehn Tagen fünf Pfund abnehmen können.
- Wie Sie nie wieder eine Diät machen müssen.
- Wie Sie mit diesem besonderen Frühstücksgetränk auf leichte Weise Gewicht abnehmen können.
- Wie Sie sich nie wieder hungrig führen müssen.
- Wie wir unser Gewicht einmalig reduzieren und für immer aufrecht erhalten können.
- Wie wir unseren Körper in eine Fettverbrennungsmaschine verwandeln können.
- Wie Sie im Schlaf Gewicht reduzieren können.
- Wie man schnell an Gewicht abnehmen kann, ohne sich Gedanken über eine Diät machen zu müssen.
- Wie Sie an Gewicht abnehmen können, ohne in ein Fitnessstudio gehen zu müssen.
- Für Reiseangebote:
- Wie Sie einen 5-Sterne-Urlaub zum Preis eines einfachen Hotelzimmers erhalten können.
- Wie man zum Einkaufs-, statt zum Normalpreis reisen kann.
- Wie Sie zukünftig die Welt aus erster Hand erleben können, statt sie nur auf Bildern zu sehen.

- Wie wir es uns leisten können, Reisen zu unternehmen, die unsere Nachbarn neidisch machen.
- Wie wir alle drei Monate eine einwöchige Luxusreise unternehmen können.
- Wie wir Familienerinnerungen durch den Urlaub unseres Lebens erschaffen.

Für natürliche Reinigungsprodukte:

- Wie Sie ihr Heim ohne giftige Chemikalien reinigen können.
- Wie Sie giftige Reiniger durch natürliche Reinigungsmittel ersetzen können und sich nie Sorgen machen müssen, wenn kleine Kinder zu Besuch kommen.
- Wie wir natürliche Reinigungsmittel einsetzen und unsere Umwelt schützen können.
- Wie wir etwas Gutes für unseren Planeten tun können – auf einfache Weise.
- Wie Sie kein Vorhängeschloss mehr für Ihre Reinigungsmittel benötigen.

Für Finanzdienstleistungen:

- Wie unser Erspartes gleichzeitig unsere Versicherungen bezahlt.
- Wie wir uns früher zur Ruhe setzen können, ohne eine Gehaltserhöhung zu benötigen.
- Wie wir für den Ruhestand sparen können, indem wir den Staat dafür bezahlen lassen.

- Wie wir ein höheres frei verfügbares Einkommen haben, indem wir unsere Rechnungen einfach auf eine andere Weise bezahlen.
- Wie Sie durch eine einfache Änderung schnell schuldenfrei werden können.

Für Haustiere:

- Wie wir dafür sorgen können, dass uns unsere Haustiere überleben.
- Wie wir unseren Haustieren helfen können, sich wieder jung zu fühlen.
- Wie wir unseren Haustieren die gesündeste verfügbare Nahrung geben können.

Es wird leichter und leichter. Menschen dazu zu bringen, Sie um eine Präsentation zu bitten, ist gar nicht so schwer. Wir müssen nur die Fähigkeit meistern, Eisbrecher Nr. 1 einzusetzen und wir können unseren Kalender für die ganze Woche mit Präsentationsterminen füllen.

KAPITEL 9
Funktioniert das auch bei Kaltkontakten?

Lassen Sie uns sehen.

Wenn Sie bereits eine Verbindung zu Ihren Interessenten aufgebaut haben, dann wird Ihr Eisbrecher natürlich unbedrohlich klingen. Für eine Verbindung zu sorgen, sollte nur ein paar Sekunden erfordern.

Wenn Sie die Fähigkeit, in wenigen Sekunden eine Verbindung zu erschaffen, noch nicht erlernt haben, dann empfehle ich Ihnen das folgende exzellente Buch. Es ist von meinem Lieblingsautor ... von mir.

Lesen Sie *„Wie man umgehend für Vertrauen, Glauben, Einfluss und eine Verbindung sorgt"*.

Sie finden dieses Buch unter: *www.mlm-training.com/tomschreiter/*

Nehmen wir also an, Sie haben in den ersten Sekunden für eine Verbindung gesorgt. Was werden Sie dann zu diesem völlig fremden Menschen sagen? Hier folgt ein gutes Beispiel.

Der Rezeptionsmitarbeiter.

Nach Ihrem abendlichen Meeting im Hotel könnten Sie an der Rezeption vorbei gehen und ein Schwätzchen mit dem Nachtportier halten. Nachdem Sie für eine Verbindung gesorgt haben, sagen Sie:

„Ich habe neulich herausgefunden, wie man nie wieder in den

Abendstunden arbeiten muss. Wenn Sie sich irgendwann einmal dafür interessieren, erzähle ich Ihnen gerne mehr darüber. Übrigens, wo sind eigentlich die Toiletten?"

Und wenn der Nachtportier ein Spaßvogel ist, könnten Sie sagen:

„Hey, ich habe kürzlich erst herausgefunden, wie man ein Vollzeitgehalt bekommen kann und nie wieder in den Abendstunden arbeiten muss. Wenn Sie sich irgendwann einmal dafür interessieren, erzähle ich Ihnen gerne mehr darüber. Bis dahin genießen sie Ihre Arbeit bis wann ... 5 Uhr morgen früh?"

Nun liegt es am Nachtportier, zu entscheiden, ob er weiterhin in Nachtschichten arbeiten möchte oder ob er sich für eine neue Gelegenheit interessiert. Wenn der Zeitpunkt richtig ist, wissen wir, dass er um mehr Informationen und um eine Präsentation bitten wird.

Fangen Sie schon an, daran zu glauben, dass es bei Eisbrechern ausschließlich darum geht, was wir sagen? Fangen Sie an, daran zu glauben, dass wir eingeübte Worte brauchen?

Nun, ich habe nichts gegen eine tolle Einstellung, eine Traumcollage, das Summen von Affirmationen, das Singen des Firmenliedes, Auf- und Abspringen bei Seminaren, usw. Das sind alles nette Sachen.

Aber selbst, wenn es Ihnen gelingt, mit Ihren unglaublichen Motivationsfähigkeiten direkt zu Ihren Interessenten zu schweben, **werden Sie trotzdem noch etwas sagen müssen.** Und die Worte, die Sie wählen, sind es, die für den Unterschied sorgen.

An der Tankstelle.

Wenn ich des Abends mit dem Auto in einer anderen Stadt bin, kann ich anhalten, um zu tanken. Wo bezahlen Sie – draußen am Automaten, oder innen, beim Mitarbeiter?

Erlauben Sie mir eine Empfehlung. Nur wenige Zapfsäulen werden bei Ihrem Geschäft einsteigen. Ihr Interessent befindet sich innen.

Nachdem ich getankt habe, gehe ich hinein. Was weiß ich über den Mitarbeiter hinter der Theke?

- Ist diese Person überbezahlt oder unterbezahlt?
- Liebt sie ihre Arbeit oder hasst sie ihre Arbeit?
- Mag sie es wohl gerne, des Nachts zu arbeiten und das Geld anderer Leute zu bewachen?
- Liebt sie ihre Rolle als Übungsziel für Kriminelle?
- Hätte sie gerne mehr Geld und mehr Möglichkeiten in ihrem Leben?

Klingt wie ein Interessent, nicht wahr? Ich gehe also hinein, um zu bezahlen und sage etwa Folgendes:

„Hey, ich habe kürzlich herausgefunden, wie man jeden Monat eine Steuerrückerstattung in Höhe von € 200.00 erhalten kann. Wenn es Sie irgendwann einmal interessiert, erzähle ich Ihnen gern mehr darüber. Übrigens, hier ist meine Kreditkarte."

Wie schwer war das? Wenn er nicht interessiert ist, zieht er die Karte durch das Lesegerät. Wenn er interessiert ist, bittet er um weitere Informationen und um eine Präsentation.

Ich könnte auch hineingehen und Folgendes sagen:

„Hey, ich habe kürzlich herausgefunden, wie man einen zusätzlichen Gehaltsscheck bekommen kann, damit man nicht mehr so viel arbeiten muss. Wenn es Sie irgendwann einmal interessiert, erzähle ich Ihnen gerne mehr darüber. Und jetzt hätte ich gerne noch diese Diät-Cola und 44 Schokoladenriegel."

Einige von Ihnen werden jetzt denken: *„Dann halte ich einfach an 30 Tankstellen an und tanke jedes Mal für € 1. Dann habe ich 30 neue Interessenten, mit denen ich reden kann."*

Nun, ich bin mir sicher, dass es dem Mitarbeiter auffallen wird, wenn Sie lediglich für €1 tanken. Und dies mag vielleicht nicht das Bild sein, dass wir im Gespräch über eine Geschäftsgelegenheit abgeben wollen.

Aber schränken Sie Ihr Denken nicht ein. Sie können trotzdem an 30 Tankstellen anhalten und einfach nur nach dem Weg fragen.

Wie sieht es mit der Kellnerin aus?

Wenn Sie nicht anhalten, um zu tanken, können Sie für eine Tasse Kaffee eine Pause einlegen, nicht wahr? Sprechen Sie einfach mit der Kellnerin, bauen eine Verbindung zu ihr auf und sagen dann:

„Ich habe kürzlich herausgefunden, wie man ein Vollzeitgehalt beziehen kann, ohne des Abends die Tische decken zu müssen. Wenn es Sie irgendwann einmal interessiert, wie es geht, erzähle ich Ihnen gerne mehr darüber. Jetzt hätte ich gerne noch etwas Zucker für meinen Kaffee."

So einfach ist es.

Allerdings fragen mich viele Vertriebspartner: *„Aber ich bin doch schon seit sechs Monaten in diesem Geschäft. Wie kann ich dann sagen, dass ich erst kürzlich etwas herausgefunden habe?"*

Gute Frage. Drei schnelle Lösungen.

1. Sie können sagen, *„Ich habe herausgefunden."* Aber das ist etwas schwach und lahm - im Gegensatz zu *„Ich habe kürzlich herausgefunden"*, was die Gedanken Anderer sofort stoppt und sie zum Zuhören zwingt.

2. Ich wette, dass es in Ihrem Geschäft etwas gibt, dass sie erst kürzlich herausgefunden haben. Vielleicht ein neues Reiseincentive, eine neue Anwendung für Ihr Produkt, eine neue Verwendung für einen geheimen Zusatzstoff, oder vielleicht

einen neuen Steuervorteil. Somit können Sie Ihren Interessenten jetzt mitteilen, was Sie erst kürzlich herausgefunden haben.

3. Fahren Sie einfach damit fort, zu sagen *„Ich habe kürzlich herausgefunden ..."* Niemand wird es bemerken. Niemand kümmert sich wirklich um unser Leben, weil jeder auf sich selbst fokussiert ist. Selbst, wenn Sie erst gestern mit ihnen gesprochen haben, haben die meisten Menschen bereits alles vergessen oder gar nicht erst zugehört. In meinen mehr als 40 Jahren im Network Marketing hat mich noch niemand infrage gestellt, wenn ich zu ihm gesagt habe *„Ich habe kürzlich herausgefunden ..."*

Ich denke, manchmal haben wir einfach das Gefühl, dass wir ein wichtiger Teil im Leben anderer Menschen wären. Aber die Realität ist, dass diese vollständig auf sich selbst und auf ihre Probleme fokussiert sind. Und nicht auf uns.

KAPITEL 10
Zeit zu feiern!

Nehmen wir an, dass ich Ihr nagelneuer Vertriebspartner bin, ohne Fähigkeiten, habe keine Worte eingeübt und beginne erst damit, das Gewinnen neuer Partner zu erlernen.

Ich besuche eine Party und was passiert, wenn ich einen fremden Menschen ansprechen möchte? Ich zögere, weil mir meine Worte eine Zurückweisung einbringen können. Ich sehe mir die Leute bei der Party an und denke:

„Mm-hmm, ich frage mich, ob die wohl interessant sein würden? Nein, sie könnten mich zurückweisen, wenn ich mit ihnen rede. Ich weiß einfach nicht, was ich zu diesem Menschen sagen soll. Das Paar dort drüben sieht zu wichtig aus, um an meinem Geschäft interessiert zu sein. Und er dort drüben wirkt beschäftigt und wird wahrscheinlich nicht mit mir reden wollen. Dieser Mann sieht böse aus."

Und ich verlasse die Party ohne einen einzigen Kontakt.

Doch Sie besitzen die Eisbrecher-Fähigkeiten und haben die gleiche Party besucht. Sie haben mit genau den gleichen 20 Menschen gesprochen, die ich nur angesehen habe. Und Sie verlassen die Party mit fünf oder sechs Präsentationsterminen für den nächsten Tag.

Worin bestand der Unterschied? Es ist nun offensichtlich. Sie verwenden „eingeübte Worte", um Ihre Interessenten dazu zu bringen, Sie um eine Präsentation zu bitten – ohne jede Zurückweisung.

Die Party war für Sie ein Riesenspaß, für mich jedoch eine Erfahrung, die mein Selbstbild ruiniert hat.

Bedenken Sie: die genau gleichen Interessenten, aber zwei völlig unterschiedliche Ergebnisse.

KAPITEL 11
Probieren Sie dies nicht aus! Es ist nur ein Beispiel.

In der Interessentengewinnung geht es nicht darum, die richtigen Leute zu finden. Es geht darum, genau zu wissen, was Sie sagen und tun sollen. Wir selbst erschaffen unsere Ergebnisse.

Wenn Sie nicht hieran glauben, führen Sie das folgende gedankliche Experiment durch.

Stellen Sie sich vor, wie Sie auf der Straße unterwegs sind und einen fremden Menschen sehen. Gehen Sie auf diesen Fremden zu und geben Sie ihm einen € 100-Schein.

Nun, wird der Fremde reagieren? Selbstverständlich!

Vielleicht umarmt er Sie oder er ruft lauthals, dass er in der Lotterie gewonnen hat. Vielleicht fragt er Sie auch: *„Haben Sie noch mehr Geld, das Sie mir geben können?“*

Egal, was geschieht, es wird eine Reaktion des Fremden geben.

Jetzt stellen Sie sich wieder vor, dass Sie auf die Straße gehen und genau den gleichen Fremden sehen. Dieses Mal gehen Sie auf ihn zu und verpassen ihm einen heftigen Schlag auf die Nase!

Wird der Fremde reagieren? Selbstverständlich!

Der Fremde könnte zurückschlagen, vielleicht sagt er aber auch: *„Oh, das war gemein.“*

Auch hier entstünde eine andere Reaktion und ein anderes Verhalten dieses Fremden.

Und hier kommt die große Frage.

„Hat das Verhalten dieses Fremden irgendetwas mit diesem Menschen zu tun? Oder hat das Verhalten des Fremden nur damit zu tun, was Sie gesagt oder getan haben?"

Hierdurch erklärt sich die Interessentengewinnung. In den meisten Fällen geht es nicht um den Interessenten. Denken Sie daran, Interessenten sind neutral. Sie reagieren einfach nur darauf, wie wir sie angesprochen und ob wir eine Verbindung geschaffen haben und ob unser Eisbrecher interessant war.

Wenn wir darüber nachdenken, sind dies gute Neuigkeiten. Denn es bedeutet, dass wir die Gewinnung von Interessenten unter unserer Kontrolle haben und dass wir kein Glück brauchen, um erfolgreich zu sein.

Lassen Sie uns also nochmals über unsere Eisbrecher und über die **Reaktionen**, die sie hervorrufen, nachdenken. Vielleicht können wir uns auch eine weitere Frage stellen:

„Hat der Eisbrecher, den ich ausgewählt habe, meinen Kontakt in einen guten Interessenten verwandelt, der nach Gründen sucht, mitzumachen? Oder habe ich meinen Kontakt in einen schlechten Interessenten verwandelt, der nach Gründen sucht, davonzulaufen?"

KAPITEL 12
Formel Nr.2

Ich liebe die Worte *„Wäre es in Ordnung, wenn ...”*

Menschen werden von Programmen in ihrem Unterbewusstsein gesteuert. Eines dieser Programme in unserem Geist sagt folgendes:

Wenn irgendjemand, irgendwo, irgendwann jemals die Worte *„Wäre es in Ordnung, wenn ...”* ausspricht, - dann lautet die Antwort JA!!!

Das trifft zu. Unsere Gedanken treffen die Entscheidung für ein *„Ja“* bereits, bevor wir den Rest des Satzes gehört haben. Seltsam. Aber so funktionieren wir einfach. Solange der Wunsch halbwegs vernünftig ist, lautet die Antwort fast immer *„Ja”*.

Viele Programme werden von diesen fünf Worten beeinflusst, aber darauf kommt es jetzt nicht an. Worauf es ankommt, ist, dass es funktioniert.

Sie glauben mir nicht? Dann legen Sie sich Kinder zu.

Kinder sind kleine Menschen ohne Macht und Geld. Trotzdem bekommen sie alles, was sie wollen. Sie kennen die Wirkung bestimmter Wortfolgen. Sie lernen dies zwar durch Versuch und Irrtum, obwohl ich manchmal denke, dass sie sich heimlich mit anderen Kindern verbündet und ihre Geheimnisse ausgetauscht haben.

Hat Ihre Tochter jemals Folgendes zu Ihnen gesagt?

„Mama, Papa, wäre es in Ordnung, wenn ich meine Hausaufgaben stattdessen am Samstag erledige?”

„Mama, Papa, wäre es in Ordnung, wenn ich heute bei Heather übernachte?"

„Mama, Papa wäre es in Ordnung, wenn Cindy mit uns ins Einkaufszentrum geht?"

Was glauben Sie, von wem ich meine Sammlung magischer Worte gelernt habe? Natürlich von meiner Tochter. Sie ist ein Profi und hat regelmäßig fast immer alles bekommen, was sie wollte.

Es steckt eine große Wirkung in den fünf Worten *„Wäre es in Ordnung, wenn ..."*, also lassen Sie uns diese Worte dazu einsetzen, unsere Interessenten zu bewegen, umgehend *„Ja"* zu sagen. Wenn unser Interessent erst einmal *„Ja"* gesagt hat, ist es leicht, einen Präsentationstermin zu vereinbaren. Was für eine großartige, zurückweisungsfreie Methode, um das "Eis zu brechen" und unser Geschäft in unsere persönlichen Gespräche einzubauen.

Hier ist Formel Nr.2:

„Wäre es in Ordnung, wenn ..." + Vorteil bzw. Nutzen = Großartiger Eisbrecher

Bereit für einige Beispiele? Lassen Sie uns zuerst über unsere Geschäftsgelegenheit reden:

- Wäre es in Ordnung, wenn Sie sich nie wieder auf den Weg zu Ihrer Arbeitsstelle machen müssten?
- Wäre es in Ordnung, wenn Sie zukünftig zwei Gehaltsschecks statt nur einem erhalten würden?
- Wäre es in Ordnung, wenn Sie anstelle von zweitägigen zukünftig fünftägige Wochenenden hätten?
- Wäre es in Ordnung, wenn Sie mehr Geld verdienen würden?

- Wäre es in Ordnung, wenn Sie Ihren Radiowecker an ihren Nachbarn verkaufen könnten?
- Wäre es in Ordnung, wenn Sie erst zur Mittagszeit aufwachen könnten?
- Wäre es in Ordnung, wenn Sie Ihren Chef feuern könnten?
- Wäre es in Ordnung, wenn Sie nie wieder Überstunden leisten müssen?
- Wäre es in Ordnung, wenn Sie nie wieder des Nachts arbeiten müssten?
- Wäre es in Ordnung, wenn Sie von zu Hause aus arbeiten könnten, statt lange Wege zur Arbeit zurücklegen müssen?
- Wäre es in Ordnung, wenn Sie Ihre Arbeitszeiten selber bestimmen könnten?
- Wäre es in Ordnung, wenn Sie zu Hause bei Ihren Kindern bleiben könnten?
- Wäre es in Ordnung, wenn Sie Ihren Ehemann von seiner Arbeit in den Ruhestand schicken könnten?
- Wäre es in Ordnung, wenn Sie ein Einkommen haben, mit dem Sie die Ausbildung Ihrer Kinder bezahlen könnten?
- Wäre es in Ordnung, wenn Sie unverschämt viel Geld verdienen, indem Sie anderen Menschen helfen?
- Wäre es in Ordnung, wenn Sie direkt in den Ruhestand treten könnten, nachdem Sie Ihre Ausbildung abgeschlossen haben?

Es ist leicht, unsere Interessenten zu der Antwort *„Ja, erzählen Sie mir mehr darüber."* zu bewegen. Der schwierigste Teil ihres Geschäfts ist überstanden. Der Interessent ist jetzt gespannt darauf, sich mit Ihnen zu unterhalten.

Aber vielleicht denken Sie auch an dieser Stelle wieder:

„Hey, Moment mal – bei all diesen Eisbrechern nach der Formel Nr. 2 geht es nur um die Geschäftsgelegenheit. Ich will aber über meine Produkte und Dienstleistungen sprechen."

Also gut, dann lassen Sie uns wieder verschiedene Produkt- und Dienstleistungsbeispiele durchführen. Wir werden wieder sagen *„Wäre es in Ordnung, wenn ..."* und fügen dann die folgenden Vorteile ein. Sind Sie bereit?

Für Nahrungsergänzungen:

- Wäre es in Ordnung, wenn Sie mehr Durchhaltevermögen als ihre Wettbewerber hätten?
- Wäre es in Ordnung, wenn Sie Arthritis auf natürliche Weise behandeln könnten?
- Wäre es in Ordnung, wenn Sie jede Nacht einen wohltuenden Schlaf genießen könnten, indem Sie täglich diesen Saft trinken?
- Wäre es in Ordnung, wenn sich Ihre Eltern länger gesund erhalten könnten?
- Wäre es in Ordnung, wenn Sie sich mit diesen Wunderpillen den ganzen Tag lang hervorragend fühlen könnten?
- Wäre es in Ordnung, wenn Sie den Alterungsprozess Ihres Körpers verlangsamen könnten?
- Wäre es in Ordnung, wenn Sie sich mit natürlichen Nahrungsmitteln von Ihren Allergien befreien könnten?
- Wäre es in Ordnung, wenn Sie mehr wertvolle Nährstoffe in die Ernährung ihrer Kinder schmuggeln könnten?

Für Hautpflegeprodukte:

- Wäre es in Ordnung, wenn Sie sich nie wieder Gedanken über Akne machen müssten?
- Wäre es in Ordnung, wenn Sie kleine Linien und Fältchen in nur 7 Minuten verschwinden lassen könnten?
- Wäre es in Ordnung, wenn Ihre Haut den ganzen Tag über frei atmen könnte?
- Wäre es in Ordnung, wenn Sie Ihre Haut vor der Sonne schützen könnten, ohne dieses fettige Gefühl zu verspüren?
- Wäre es in Ordnung, wenn Sie jünger aussehen würden als Ihre Tochter?
- Wäre es in Ordnung, wenn Ihre Haut gesünder würde, während Sie schlafen?

Für Diätprodukte:

- Wäre es in Ordnung, wenn die Leute aufhören würden, Sie den „Dicken Didi" zu nennen?
- Wäre es in Ordnung, wenn Sie 24 Stunden am Tag Körperfett verbrennen würden?
- Wäre es in Ordnung, wenn Sie Gewicht reduzieren und trotzdem Ihr Lieblingsessen genießen könnten?
- Wäre es in Ordnung, wenn Sie abnehmen könnten, indem Sie zwischen Ihren Mahlzeiten diese Riegel verspeisen würden?
- Wäre es in Ordnung, wenn Sie vor Ihrer Hochzeit noch 15 Pfund abnehmen könnten?
- Wäre es in Ordnung, wenn Sie vor dem Klassentreffen noch 20 Pfund abnehmen könnten?

- Wäre es in Ordnung, wenn Sie Schokolade essen und trotzdem Gewicht reduzieren würden?

Für Energieversorger:

- Wäre es in Ordnung, wenn Ihre Stromrechnung niedriger ausfiele?
- Wäre es in Ordnung, wenn Sie weniger für Gas und Elektrizität ausgeben müssten?
- Wäre es in Ordnung, wenn Sie einen Rabatt auf Ihre Energieversorgung bekämen?
- Wäre es in Ordnung, wenn Sie einen Nachlass mitnehmen würden, statt den vollen Endpreis bezahlen zu müssen?
- Wäre es in Ordnung, wenn Ihre Gas - und Wasserrechnung leichter zu lesen wäre?

Für Schmuck:

- Wäre es in Ordnung, wenn Sie sich preisgünstig mit hochwertigen Schmuckstücken ausstatten könnten?
- Wäre es in Ordnung, wenn Ihre Schmuckstücke Ihr Äußeres bestmöglich betonen könnten?
- Wäre es in Ordnung, wenn Ihre Schmuckstücke genau zu Ihrer Kleidung passen würden?
- Wäre es in Ordnung, wenn Ihr Schmuck einzigartig und anders sein könnte?
- Wäre es in Ordnung, wenn Ihr Schmuck die Leute dazu bringt „Aber Hallo!" zu sagen?

Für Reiseanbieter:

- Wäre es in Ordnung, wenn Sie mehr Urlaub hätten?
- Wäre es in Ordnung, wenn Sie erster Klasse reisen könnten?
- Wäre es in Ordnung, wenn Sie zu den Orten reisen könnten, von denen Sie schon immer geträumt haben?
- Wäre es in Ordnung, wenn Sie sich von Ihren Ferien zu 100% erholt fühlen?
- Wäre es in Ordnung, wenn Ihr Urlaub auch gleichzeitig eine außergewöhnliche Erfahrung darstellen würde?
- Wäre es in Ordnung, wenn Ihre Familientreffen auf einem Kreuzfahrtschiff stattfinden könnten?

Für natürliche Reinigungsprodukte:

- Wäre es in Ordnung, wenn Sie die Umwelt schützen könnten?
- Wäre es in Ordnung, wenn Ihr Waschmittel biologisch abbaubar wäre?
- Wäre es in Ordnung, wenn all Ihre Reinigungsmittel natürlich und sicher wären?

Für Finanzdienstleister:

- Wäre es in Ordnung, wenn Ihre Rechnungen schneller bezahlt wären?
- Wäre es in Ordnung, wenn Ihre monatlichen Raten kleiner wären?
- Wäre es in Ordnung, wenn Ihre Versicherung preiswerter wäre?

- Wäre es in Ordnung, wenn Sie mit lediglich einer kleinen Änderung eine Rücklage für die Zukunft schaffen könnten?
- Wäre es in Ordnung, wenn Sie weniger Steuern bezahlen müssten?
- Wäre es also in Ordnung, wenn Sie einige dieser Beispiele bei den Interessenten, die Sie treffen, ausprobieren würden?

KAPITEL 13

Formel Nr. 3. (Die besten Interessenten)

Stellen Sie sich diese Frage: *„Sind die Menschen in meinem Umfeld grundsätzlich positiv oder grundsätzlich negativ eingestellt?"*

Die meisten Menschen geben zu, dass die Menschen in ihrem Umfeld grundsätzlich negativ eingestellt sind. Nur wenige von uns sind glücklich genug, sich in einem vollständig positiven, fröhlichen Kreis zu bewegen.

Sehen wir den Tatsachen ins Auge. Die meisten Menschen sind negativ eingestellt. Warum?

Weil sie von der Gesellschaft heruntergezogen wurden, von ihrer täglichen Schufterei deprimiert sind, von ihren fordernden Chefs ihrer Träume beraubt worden, durch den täglichen Arbeitsweg gestresst sind und ... nun, das Leben hat so seine Probleme.

Und das ist großartig!

Der Sinn des Geschäftslebens besteht darin, die Probleme anderer Menschen zu lösen. Wenn Menschen keine Probleme hätten, gäbe es für Unternehmen keinen Grund, zu existieren.

Wenn niemand hungrig wäre, würden Sie sicherlich kein Restaurant besitzen wollen.

Wenn jeder Mensch für den Rest seines Lebens gesund wäre, würden Sie kein Vitaminverkäufer sein wollen.

Wenn Menschen niemals schlafen müssten, würden Sie als Hotelbesitzer pleitegehen.

Sie wünschen sich, dass Menschen Probleme haben!

Eines Sommers bot es sich für mich an, ein Seminar in der Ukraine am Schwarzen Meer durchzuführen. Einige Führungskräfte holten mich am Flughafen ab und begannen sofort, mir von all den Problemen in ihrem Geschäft zu berichten. Ihr Gespräch verlief etwa so:

„Niemand in der Ukraine hat Geld. Die neuen Leute können sich das Starterset nicht leisten. Unsere Gesundheitsprodukte sind zu teuer. Unsere Hautpflegeprodukte sind zu teuer. Niemand kann unsere Produkte kaufen. Die Wirtschaftslage ist schrecklich. Alles ist so teuer. Es ist momentan so schwierig, hier zu leben. Und ... wir wollen jetzt, dass Sie all diese Probleme bei 500 Vertriebspartnern beim morgigen Seminar lösen!"

Am nächsten Tag erklärte ich den 500 Vertriebspartnern, dass sie kein Unternehmen hätten, wenn die Menschen nicht vor Problemen stehen würden. Also fragte ich sie:

> *„Wollen die Ukrainer länger leben?"*
>
> *„Wollen die Ukrainer, dass ihre Kinder gesund sind?"*
>
> *„Bekommen die Menschen in der Ukraine Falten?"*
>
> *„Ist der ukrainische Winter eine Belastung für die weibliche Haut?"*
>
> *„Ist es in der Ukraine schwer, von nur einem Gehalt zu leben?"*
>
> *„Wünschen sich die Menschen in der Ukraine mehr Geld?"*
>
> *„Wünschen sich die Ukrainer eine Gelegenheit, um ein besseres Leben führen zu können?"*

Und die Antwort aus der Gruppe war großartig. Sie waren froh, in einem Land mit den meisten Problemen zu leben! Manche

Vertriebspartner wünschten sich sogar noch mehr Probleme in ihrem Leben.

Bedenken Sie, wenn jemand ein Problem hat, ist er oder sie ein Interessent. Halten Sie sich von all den positiven Menschen fern, die sind keine Interessenten! (Ich scherze nur.)

Aber hören Sie auf die Aussagen Ihrer Downline.

„Oh, ich habe gar keine Interessenten. Jeder, den ich kenne, ist so negativ!"

Nun, wenn Ihre Partner dies zu Ihnen sagen, wissen Sie, dass Sie keine gute Ausbildungsarbeit geleistet haben. Ihre Partner haben einfach **noch nicht** verstanden, dass Probleme für uns von Vorteil sind. Wir lieben negative Menschen.

Negative Menschen sind die besten Interessenten. Sie sollten alles tun, um negative Menschen zu finden.

Was ich am meisten mag, ist, dass negative Menschen:

1. Ein Problem haben.

2. Wissen, dass sie ein Problem haben. (Manche Menschen haben ein Problem, wissen es aber nicht. Negative Menschen wissen wenigstens, dass sie ihr Problem haben, weil sie sich darüber beschweren.)

3. Haben die Wahl, unsere Lösung zu nutzen, um ihr Problem zu lösen. Oder damit fortzufahren, sich über das Problem zu beschweren, weil es sie glücklich macht, so unglücklich zu sein.

Lassen Sie uns das Ganze also zum Funktionieren bringen.

Dieser Eisbrecher erfordert, dass Sie große Gruppen negativer Menschen finden. (In Texas führen wir diese Menschen unter den Begriffen „Familie" und „Freunde".)

Als nächstes hören Sie ihnen beim Heulen, Nörgeln und Beschweren zu. Wenn sie dann schließlich Luft holen, sprechen Sie genau diese Worte aus:

„Möchten Sie gerne etwas daran ändern?"

Betrachten wir es noch einmal. Unser Interessent:

4. **Hat ein Problem**
5. **Weiß, dass er ein Problem hat.**
6. **Sie haben ihn vor die Wahl gestellt, das Problem zu lösen oder zu lassen.**

Jetzt haben Sie alles Nötige getan!

Wie lauten nun die zwei möglichen Antworten?

„Ja" oder *„Nein"*.

Wenn er oder sie sagt: *„Ja, ich möchte etwas daran ändern"*, dann heißt es für Sie - Zahltag! - Sie sind im Geschäft. Nehmen Sie das Geld für die Produktbestellung, füllen Sie den Vertriebspartnerantrag aus oder was immer Sie tun müssen.

Ihr Interessent hat eine Entscheidung getroffen, sein Problem zu lösen.

Diese Sache liebe ich. In einem Raum mit 100 Menschen, kann ich sehr schnell die 20 oder 30 Personen herausfiltern, die ihre Probleme lösen wollen. Nur anhand der einfachen Frage: *„Wollen Sie etwas daran ändern?"* Alles weitere ist leicht.

Nun könnten diese Menschen sagen: *„Nein, ich möchte nichts daran ändern."* Dann sage ich einfach: "Und was belastet Sie sonst noch?" Der Interessent wird mit weiteren negativen Dingen aus seinem Leben fortfahren, aber ich mache mich bei der nächsten Gelegenheit leise aus dem Staub.

Denken Sie darüber nach. Wenn der Interessent *„Nein"* sagt und ich ihn nach seinen weiteren Problemen frage, habe ich zu keinem Zeitpunkt erwähnt, dass ich ein Produkt oder eine Gelegenheit anzubieten habe. Ich betreibe lediglich ein wenig Konversation.

Und hierbei gibt es **null** Gelegenheit für Zurückweisung!

Sie werden sich vielleicht fragen, warum manche Interessenten sagen. *„Nein, ich will nichts daran ändern."*

Ich habe hierzu die folgende Theorie. Der Grund, warum sich Interessenten entscheiden, "Nein" zu sagen, besteht darin, dass sie *„Nein"* meinen. Aus diesem Grund haben sie sich für das Wort *„Nein"* entschieden.

„Nein" bedeutet nicht: *„Bitte belästigen Sie mich für weitere 52 Wochen."*

"Nein" bedeutet nicht: *„Bitte setzen Sie neuro-linguistisches Programmierungs-Kung-fu bei mir ein."*

„Nein" bedeutet *„Nein"*. Lassen Sie sie in Ruhe. Auf diese Weise haben Sie auch weiterhin Freunde und Familie. Sie werden nicht von Hochzeiten und Beerdigungen ausgeladen. Sie wollen nur mit Menschen zu tun haben, die etwas an ihrem Problem ändern wollen.

Die Herausforderung besteht jedoch darin, dass die Menschen nicht *„Nein"* zu Ihnen sagen werden. Sie haben Angst davor, dass Sie dann anfangen werden, mit Ihnen zu diskutieren. Vielleicht wollen sie auch einfach Ihre Gefühle nicht verletzen. Diese Menschen wollen höflich sein und Sie nicht bloßstellen. Also werden sie *„Nein"* sagen wollen, möchten aber gleichzeitig, dass Sie Ihr Gesicht wahren können. Daher erfinden sie einen imaginären Grund, warum Ihre mögliche Lösung nichts für sie ist. Sie sagen zu Ihnen in Geheimsprache *„Nein"*.

Neue Vertriebspartner verstehen dies nicht. Sie denken, dass sie gegen diesen imaginären Einwand ankämpfen müssen. Aber sobald ein neuer Vertriebspartner versteht, dass der Gesprächspartner wirklich *„Nein"* sagt, dann kann der neue Vertriebspartner den Interessenten in Ruhe lassen und mit seinem Leben fortfahren.

Lassen Sie mich Ihnen ein Beispiel für die Geheimsprache geben.

Ich lade Sie zu mir nach Hause zum Abendessen ein. Sie kommen in mein Haus und stellen fest, dass mein Haus im strahlendem Rosa angestrichen ist, selbst die Fenster. Ich frage Sie: *„Nun, wie gefällt Ihnen das Haus?"*

Sie denken sich: *„Nun, er hat noch nichts zu Essen aufgefahren. Also will ich höflich sein."*

Daher antworten Sie: *„Es ist interessant. So farbenfroh. Es ist einzigartig."*

Das ist die Geheimsprache für: *„Um Himmels willen! Es ist schrecklich. Wenn ich mir dein rosafarbenes Haus ansehe, wird mir schlecht."*

Falls Sie nicht erkennen können, wenn Ihre Interessenten in Geheimsprache *„Nein"* zu Ihnen sagen, werden Sie unglaublich viel Zeit verschwenden. Sie werden viele Kontakte verschwenden. Und Sie werden nicht genügend Zeit haben, all die guten Interessenten zu finden, die ihre Probleme gerne lösen möchten.

Wie hört sich diese Geheimsprache im täglichen Leben an?

Beispiel Nr. 1: Sie kommen heute Abend nach Hause, Ihre Tante wartet auf sie. Sie sagt:

„Meine Fußgelenke tun weh. Meine Knie tun weh. Meine Hüfte tut weh. Mein Rücken tut weh. Meine Schultern tun weh. Mein Nacken tut weh. Ich habe Kopfschmerzen. Ich habe Sodbrennen und das gilt jetzt als Krankheit, weißt du? Ich habe fünf bekannte Krankheiten. Vier unbekannte Krankheiten und drei Krankheiten, die noch gar nicht entdeckt worden sind."

Und wenn Ihre Tante schließlich Luft holt, fragen Sie:

„Möchtest du gerne etwas daran ändern?"

Wenn sie mit *„Ja"* antwortet, bedeutet das für Sie: Zahltag! - Sie haben einen Abschluss. Nehmen Sie ihr Geld. Besorgen Sie ihr einige Produkte.

Wie lautet die andere mögliche Antwort? *„Nein."*

Aber Ihre Tante wird niemals *„Nein"* zu Ihnen sagen. Sie wird Ihnen ihr „Nein" im Geheimsprache übermitteln. Lassen Sie uns sehen, ob Sie die Geheimsprache aus der Antwort Ihrer Tante entschlüsseln können.

Sie sagen zu Ihrer Tante: *„Möchtest du gerne etwas daran ändern?"*

Und sie antwortet: *„Oh, der Arzt kümmert sich um mich."*

Das bedeutet *„Nein."*

Oder sie sagt: *„Nun, die Kinder besuchen mich öfter, wenn ich vortäusche, krank zu sein."*

Das bedeutet *„Nein."*

Oder sie sagt: *„Nun, wenn es mir besser ginge, dann hätte ich nichts mehr, worüber ich reden könnte, nicht wahr?"*

Das bedeutet *„Nein."*

Oder sie sagt: *„Nun, meine Mutter ist jung gestorben. Meine Großmutter ist jung gestorben. Auch ich möchte jung sterben, so wie sie."*

Das bedeutet *„Nein."*

Oder sie sagt: *„Also, bei mir hilft sowieso nichts, weil ich so besonders bin."*

Das bedeutet *„Nein."*

Oder sie sagt: *„Nun, ich kann keine Pillen oder Flüssigkeiten schlucken."*

Das bedeutet *„Nein."*

Wenn Ihre Tante nun im Geheimsprache *„Nein"* zu Ihnen sagt, antworten Sie einfach:

„Und was belastet dich sonst noch?"

Hören Sie sich Ihre Beschwerden über die Schlaglöcher in der Straße an, die von der Stadtverwaltung immer noch nicht repariert wurden, schnappen Sie sich ihren nutzlosen Schwager, stellen ihn vor sich und verlassen leise den Raum, während Ihre Tante fortfährt, sich zu beschweren.

Wann immer ein Interessent *„Nein"* sagt, lautet Ihr nächster Satz:

„Und was belastet Sie sonst noch?"

Ohne jede Zurückweisung. Und in weniger als einer Minute haben sie festgestellt, dass dieser Mensch kein Interessent ist. Diese Leute lieben es einfach zu sehr, sich zu beschweren. Wie einfach ist das?

Lassen Sie mich Ihnen weitere Beispiele geben. Sie kommen heute Abend nach Hause, Ihre Tante wartet auf Sie und sagt zu Ihnen:

„Oh, meine Haut ist so trocken. Überall habe ich Schuppen. Wenn mein Hund aufs Sofa springt, sieht es aus wie ein Schneesturm, weil die Schuppen durch die Luft wirbeln. Und ich habe diese fettige Stelle mitten auf meiner Stirn. Und ein Ekzem, das auf meinem Nacken ausbricht. Und ich habe so tiefe Falten, dass Brotkrümel darin hängen bleiben!"

Wenn sie endlich Luft holt, sagen Sie: *„Möchtest du gerne etwas daran ändern?"*

Wenn sie mit *„Ja"* antwortet, bedeutet das für Sie: Zahltag! - Sie haben einen Abschluss. Nehmen Sie ihr Geld. Verkaufen Sie ihr einige Hautpflegeprodukte.

Wie lautet die andere mögliche Antwort? *„Nein."*

Aber denken Sie daran, dass sie niemals *„Nein"* zu Ihnen sagen wird. Sie wird Ihnen in Geheimsprache übermitteln, dass sie nicht interessiert ist. Lassen Sie uns sehen, ob Sie die **Geheimsprache** aus der Antwort Ihrer Tante entschlüsseln können.

Ihre Tante antwortet:

„Ach, diese fettige Stelle in der Mitte meiner Stirn lässt meinen Hut viel besser auf meinen Kopf rutschen. Und ich bin gegen alles allergisch. Meine Schwägerin verkauft die einzigen Hautpflegeprodukte, die ich wirklich verwenden kann. Und wenn mein Hund aufs Sofa springt, erinnert mich das an den Winter, als ich noch ein Kind war."

Was werden Sie sagen?

„Und was belastet dich sonst noch?"

Dann wird Ihre Tante fortfahren, von ihren anderen Problemen des Lebens zu reden, während Sie sich so schnell aus dem Staub machen, wie Sie nur können.

Noch ein weiteres Beispiel?

Sie gehen zur Arbeit. Als Sie an der Kaffeemaschine stehen, sagt Joe zu Ihnen:

„Heute Morgen ist mein Auto kaputt gegangen und ich habe kein Geld, um es reparieren zu lassen. Die Rechnungen von MasterCard, Visa, und American Express stehen an. Ich war nicht in der Lage, meine Fahrzeugversicherung zu bezahlen und die Leasingrate ist fällig. Ich bin mit zwei Hypothekenzahlungen im Verzug und der Chef will mir keine Gehaltserhöhung geben. Letztes Jahr hatte ich auch kein Geld, um in den Urlaub zu gehen."

Und wenn Joe schließlich Luft holt, fragen Sie:

„Möchtest du gerne etwas daran ändern?"

Wenn Joe mit *„Ja"* antwortet, bedeutet das für Sie: Zahltag! - Sie haben einen Abschluss. Laden Sie ihn zu einem Meeting ein. Überreichen Sie ihm eine CD oder eine DVD. Schicken Sie ihn auf

Ihre Internetseite. Oder schreiben Sie ihn gleich direkt bei Ihrem Geschäft ein. All diese Möglichkeiten stehen Ihnen zur Verfügung.

Wie lautet die andere mögliche Antwort? *„Nein.“*

Aber Joe wird niemals *„Nein“* zu Ihnen sagen. Er wird Ihnen sein *„Nein“* in Geheimsprache übermitteln.

Lassen Sie uns sehen, ob Sie die Geheimsprache entschlüsseln können.

„Ach, ich bin nur noch 44 Jahre von meiner Rente entfernt und das will ich nicht riskieren. Außerdem klingt die Geschichte für mich wie ein Pyramidensystem. Davon abgesehen, war mein Vater pleite, als er gestorben ist, mein Großvater war pleite, als er gestorben ist und ich will ebenfalls pleite sein, wenn ich gestorben bin, gerade so wie sie. Mir passiert ohnehin nie etwas Gutes. Ich habe kein Geld. Ich kenne niemanden. Ich kenne nur drei Menschen und zwei davon hassen mich. Und wenn ich meine täglichen 8 Stunden Fernsehen beendet habe, habe ich einfach keine Zeit, um noch irgendetwas anderes zu tun.”

Joe antwortet mit *„Nein”*. Was also sollen wir sagen?

„Und was belastet dich sonst noch?”

Alles, was Sie tun müssen, ist, Menschen zu finden, die heulen, nörgeln und sich beschweren. Dann überprüfen Sie kurz, ob sie etwas ändern wollen, anschließend behalten Sie die verbleibenden Freiwilligen!

Ich wette, Sie können es jetzt kaum erwarten, ein paar negative Menschen zu finden. Das sind einfach die Besten!

In Bezug auf eine Sache muss ich Sie jedoch warnen.

Wenn Sie damit fortfahren, Menschen zu fragen *„Möchtest du etwas daran ändern?”* - werden Ihre Verwandten mit der Zeit einen Trend erkennen. Sie werden aufhören, sich zu beschweren, weil sie wissen, was Sie als nächstes sagen werden.

Obwohl . . . Das ist gar nicht so schlecht, oder?

Stellen Sie sich das Gewinnen von Vertriebspartnern wie folgt vor:

Wir wollen die Menschen nicht nervös machen. Wir wollen lediglich den Menschen helfen, die ein Problem haben und die ihr Problem lösen wollen.

Sie können diesen Eisbrecher für nahezu jedes Produkt einsetzen.

Lassen Sie mich Ihnen noch ein Beispiel geben.

Ich bin übergewichtig und man müsste schon blind sein, um es nicht zu sehen. Also sage ich zu Ihnen:

„Wissen Sie, ich versuche schon seit Jahren, mein Gewicht zu reduzieren, aber es ist wirklich, wirklich, wirklich schwer, abzunehmen. Ich habe sehr schwere Knochen. Außerdem habe ich ein Stoffwechselproblem. Ich esse nur noch Donuts, um abzunehmen, weil die ja ein Loch in der Mitte haben. Also müsste man eigentlich denken, dass ich abnehme. Und ich habe mir diese Trainingsvideos gekauft. Ich habe eine Blase am Daumen, weil ich die Videos so oft vor- und zurückgespult habe, aber trotzdem habe ich noch nicht abgenommen."

Wenn ich nach meiner Beschwerdetirade Luft hole, fragen Sie:

„Möchten Sie gerne etwas daran ändern?"

Ich antworte mit einem lauten *„Ja!"*

Wie leicht ist es nun, meine Bestellung für einige Diätprodukte aufzunehmen? Ganz leicht. Network Marketing ist einfach - wenn wir wissen, was wir sagen sollen.

Doch wie würde sich ein *„Nein"* in der **Geheimsprache** meiner Diät-Probleme anhören?

„Bei mir funktioniert nichts. Ich habe schon einmal probiert zu trainieren, aber ich habe angefangen zu schwitzen, also muss ich allergisch dagegen sein. Ich werde mitten in der Nacht hungrig.

Ich muss meine Kräfte erhalten. Es handelt sich gar nicht um Fett, mein Magen ist besonders muskulös. In meiner Familie sind alle so dick, usw."
Erinnern Sie sich einfach nur an dieses Zauberwort:

„Möchten Sie gerne etwas daran ändern?"

Und wenn das für ihren Geschmack etwas zu direkt ist, können Sie es ein wenig abfedern, indem Sie folgendes sagen:

„Haben Sie schon einmal überlegt, etwas daran zu ändern?"

Übrigens: Ja, die Fragen, die Sie stellen, sind wichtig. Aber die noch wichtigere Fähigkeit besteht darin, auf die Antwort zu hören. Damit Sie sicherstellen können, ob die Antwort nicht womöglich ein *„Nein"* in Geheimsprache darstellt.

Ich liebe negative Menschen!

KAPITEL 14
Formel Nr. 4. (Interessenten erschaffen)

Vielleicht denken Sie jetzt:

„Den Eisbrecher Nr. 3 kann ich vermutlich nicht verwenden. Jeder Mensch, den ich kenne, ist positiv eingestellt. Ich treffe nie auf negative Menschen! Wenn ich bei der Arbeit an der Kaffeemaschine stehe, sagt jeder meiner Kollegen: ‚Meine Güte, sieh' dir nur meinen Gehaltsscheck an. Die haben mir schon wieder zu viel bezahlt! Wenn ich zur Arbeit fahre, gibt es nie einen Verkehrsstau. Meine Kinder sind perfekt. Meine Lieblingsmannschaft gewinnt immer. Mein Lieblingsbier ist ständig im Sonderangebot.' Das Leben ist hier so wundervoll. Niemand hat jemals ein Problem oder einen negativen Gedanken."

Ja, wenn alle Ihre Interessenten so positiv sind, dann können Sie den Eisbrecher Nr. 3 sicherlich nicht verwenden.

Um positive Menschen zu kontaktieren, werden sie Eisbrecher Nr. 4 einstudieren müssen:

Wie man negatives Denken auslöst!

Sie können mit nur einem einfachen Satz sofort Negativität auf Abruf auslösen.

Sagen Sie einfach:

„Was sind Ihre beiden größten ____________ -Probleme?"

Sie können jemandem nicht helfen, wenn er keine Probleme hat! Lassen Sie uns also betrachten, wie dies funktioniert.

Sie kommen nach der Arbeit nach Hause, Ihr Onkel ist zu Besuch und er trinkt Ihr Bier. Er ist so glücklich. Er sagt:

„Ahhh, meine Lieblingsmannschaft hat heute gewonnen. Mein Lieblingsbier ist im Sonderangebot. Mein Auto fährt besser als je zuvor. Ich habe jetzt einen solch geringen Spritverbrauch, dass ich jeden Morgen das überschüssige Benzin aus meinem Tank abzapfen muss. Ich fühle mich wundervoll!"

Irgendwann im Gespräch mit Ihrem Onkel könnten Sie nun sagen: *„Sag' mal, was sind deine beiden größten Karriere-Probleme?"*

Ihr Onkel antwortet:

„Karriere? Bei mir gibt es keine Karriere. Dem Chef gefällt meine Nase nicht. Ich habe letzte Woche drei Mal Überstunden machen müssen und habe das Violinkonzert meiner Tochter verpasst, als ich diese idiotischen Berichte geschrieben habe, die ohnehin niemand liest. Und der Mensch am Schreibtisch neben mir schneidet sich bei der Arbeit die Zehennägel. Das kann ich nicht ausstehen."

Wenn Ihr Onkel endlich Luft holt, was werden Sie dann sagen?

„Möchtest du gerne etwas daran ändern?"

Und wenn Ihr Onkel *„Ja"* sagt, heißt es für Sie – Zahltag!

Was Sie anschließend tun müssen, wissen Sie bereits aus Eisbrecher Nr. 3.

Oder Sie halten auf dem Heimweg von der Arbeit unterwegs für eine Tasse Kaffee an. Dort sagt die Kellnerin zu Ihnen: *„Ahh, Desperate Housewives hat dieses Mal genau so geendet, wie ich es mir gewünscht habe. Es war fantastisch. Dann haben die in meinen neuen Führerschein dieses Mal ein richtig schönes Bild von mir eingefügt. Und morgen ist der große Tag mit 50 % Sonderrabatt im Einkaufszentrum. Ich kann es kaum erwarten. Das ist wieder einmal ein richtig toller Tag heute."*

Sie sagen zur Kellnerin: „Was sind eigentlich Ihre zwei größten Probleme beim Kellnern in der Nachtschicht?"

Sie antwortet: *„Nun, zuerst einmal habe ich die Erstausstrahlung von Desperate Housewives verpasst. Ich muss mir die Wiederholungen ansehen, nachdem bereits alle meine Freundinnen wissen, wie es ausgegangen ist. Wenn ich zur Spätschicht muss, sehe ich meine Kinder nicht, wenn sie von der Schule kommen. Und wenn ich des Abends arbeiten muss, dann habe ich immer mit lauten Trunkenbolden und Geizkrägen zu tun, die kein Trinkgeld geben!"*

Sie sagen: *„Möchten Sie gerne etwas daran ändern?"*

Und wenn sie mit *„Ja"* antwortet, heißt es für Sie – Zahltag!

Was Sie anschließend tun müssen, wissen Sie bereits aus Eisbrecher Nr. 3.

Oder Sie kommen von Ihrer Arbeit nach Hause und Ihre Tante wartet auf Sie. Ihre Tante sagt: *„Die Geburtstagsparty, bei der ich gestern eingeladen war, war wunderschön. Die Kleider waren so hübsch. Und die Ballons waren in der perfekten Farbe."*

Sie sagen: *„Alles klar, Tante – übrigens, was sind eigentlich deine zwei größten Hautprobleme?"*

Sie antwortet: *„Oh, ich habe so ein böses Ekzem, wenn ich daran kratze, fängt es an zu bluten und gibt ein Batik-Muster auf meinen Kleidern. Ich will aber keine Batik-Muster, denn das sieht einfach nicht mehr so modern aus, wie es einmal in den 70ern der Fall war. Wenn ich mich kratze, dann verteilen sich die Schuppen überall und nun ist auch noch mein Hund dagegen allergisch. Und meine Falten, meine Güte. Die werden so tief, ich kann noch nicht einmal sehen, wo sie aufhören!"*

Sie sagen: *„Tante, möchtest du gerne etwas daran ändern?"*

Wenn sie mit *„Ja"* antwortet, heißt es für Sie – Zahltag!

Was Sie anschließend tun müssen, wissen Sie bereits aus Eisbrecher Nr. 3.

Es ist ganz leicht. Lassen Sie Menschen einfach an ihre Probleme denken, und bieten Sie ihnen eine Gelegenheit, zu sagen, dass sie etwas daran ändern wollen. Bedenken Sie, dass unser Geschäft daraus besteht, Probleme zu lösen

Ich sollte an dieser Stelle noch einen Hinweis für Vertriebspartner einfügen, die Gesundheitsprodukte anbieten.

Seien Sie vorsichtig, wenn Sie jemanden fragen: *„Was sind Ihre zwei größten ____________ -Probleme?"*

Dies ist eine Frage, die nur von den Profis in unserem Geschäft gestellt werden sollte. Ja, es handelt sich um eine wirkungsvolle Frage, aber wenn Sie nicht vorsichtig sind, kann dies eine Menge Ihrer Zeit in Anspruch nehmen.

Nehmen wir an, Sie sind bei einer Party und fragen jemanden: *„Mary, was sind Ihre zwei größten gesundheitlichen Probleme?"*

Seien Sie vorsichtig. Sie könnte sagen:

„Setzen Sie sich, hier ist Teil 1!"

6 Stunden später zählt sie immer noch jede weitere Behandlung und jedes neue Medikament auf. Wenn Sie Ihre Zeit wieder selbst kontrollieren möchten, was werden Sie dann sagen?

„Mary, möchten Sie gerne etwas daran ändern?" oder *„Mary, haben Sie schon einmal überlegt, etwas daran zu ändern?"*

Der Vorteil ist, dass Sie einen Freund fürs Leben haben. Sie sind vermutlich der erste Mensch, der sie darum gebeten hat, all ihre Leiden zu beschreiben. Selbst ihre nächsten Verwandten wollten ihr nicht zuhören, aber Sie haben es getan. Sie haben tatsächlich eine superstarke Verbindung geschaffen. Und somit kann diese kleine Frage für eine unbegrenzte Zahl von Verkäufen Ihrer Ernährungsprodukte sorgen.

Hier sind noch schnell ein paar Beispielfragen:

- Was sind die zwei größten Probleme bei Ihrer Arbeit im Fast-Food-Restaurant?
- Was sind Ihre zwei größten Probleme auf dem Weg zur Arbeit?
- Was sind die zwei größten Probleme bei Ihrem Job im Hotel?
- Was sind die zwei größten Probleme bei Ihrer Schichtarbeit?
- Was sind Ihre zwei größten Probleme beim Saubermachen?
- Was sind Ihre zwei größten Probleme beim Diät halten?
- Was sind Ihre zwei größten Probleme... ?

Nun, Sie wissen jetzt, was ich meine.

Machen Sie sich also keine Sorgen darüber, wenn Sie jemals wieder auf einen positiven Menschen stoßen. Das kommt vor. Setzen Sie einfach Eisbrecher Nr. 4 ein, um für sofortige Negativität zu sorgen. Dann lösen Sie sein oder ihr Problem.

KAPITEL 15
Formel Nr. 5

In den meisten Ländern gibt es informelle Gesetze, was man zu einem Menschen sagt, den man bei einer Party kennen lernt. Man ist dazu verpflichtet, diese drei Fragen in der richtigen Reihenfolge zu stellen.

Frage Nr.1: *„Wie heißen Sie?"*

Frage Nr.2: *„Woher kommen Sie?"*

Frage Nr.3: *„Was machen Sie beruflich?"*

Kommt Ihnen bekannt vor? (Und nein, es handelt sich natürlich nicht um ein richtiges Gesetz.)

Sie sind also bei einer Party. Jemand stellt Ihnen die Frage: *„Und was machen Sie beruflich?"*

Glauben Sie, dass Ihre Antwort darüber entscheiden kann, ob sich dieser Mensch in einen guten Interessenten verwandelt, der nach Gründen sucht, einzusteigen – oder in eine uninteressierte Person, die Gründe sucht, es nicht zu tun?

Selbstverständlich. Wir müssen unsere Antwort daher sorgfältig auswählen und die passenden Worte verwenden, damit uns dieser Interessent um eine Präsentation **bittet**.

Nun, als ich angefangen habe, wie viele Fähigkeiten hatte ich damals? Keine einzige. Introvertierte Programmierer, Informatikstudenten, mundfaule Buchhalter, Wissenschaftler, schüchterne Leute ...

das war mein Freundeskreis. Wir wussten noch nicht einmal, dass soziale und kommunikative Fähigkeiten überhaupt existierten.

Wenn mir jemand die Frage stellte: *„Was machen Sie von Beruf?“* Dann verfiel ich in Panik. Niemand hatte mir bestimmte Worte beigebracht, die ich verwenden konnte. Meine Antworten bestanden grundsätzlich aus geistigem Durchfall, der gewöhnliche Menschen in schlechte Interessenten verwandelte.

Ein paar Beispiele meiner katastrophalen Antworten?

- *„Ich bin auf der weltweiten Suche nach unternehmerischen Talenten, die zeitliche und finanzielle Freiheit suchen, wobei sie ihren Einsatz durch mehrere Ströme eines Passiveinkommens erweitern können und hierdurch ...”* Um Himmels willen! Das war wirklich schlecht.
- *„Ich bin für die Wunderbar GmbH aus der wunderbaren Stadt tätig, deren wunderbarer Gründer über Wasser wandeln kann, wenn es gefroren ist, dessen wunderbare patentierte Produkte in China bei Mitternacht von Elfen gesammelt werden...”* Sie wissen bereits, wie schrecklich dieser Satz ist.
- *„Ich bin als Präsident und ausführender Personalvorstand für die Geheimnisvoller-Name-AG tätig ...”*

Diese Art von Antworten sind genau das, was Menschen bei Partys nicht hören wollen. Sie möchten lediglich eine kurze Beschreibung darüber hören, was wir tun. Sie möchten gerne dass wir etwas in der folgenden Art sagen: *„Zimmermann. Pizzabäcker. Filialleiter einer Bank. Landwirt. Zirkusartist.”* Dann werden sie sagen: *„Ah, ja.”* Sie hören ohnehin nicht wirklich zu und sind lediglich höflich.

Nach mehreren Fehlschlägen dachte ich mir: *„Wie kann ich diese Sache erklären? Network Marketing ist etwas Anderes, als die sonstigen klassischen Jobs, nicht wahr? Aber unsere Gesprächspartner wollen keine komplette Präsentation anhören.”*

Denken Sie darüber nach. Wenn Sie von einem Gesprächspartner gefragt werden: *„Was machen Sie von Beruf?“*, dann wollen Sie nicht sagen *„Moment mal, lassen Sie mich kurz zum Auto gehen, damit ich schnell PowerPoint, DVD-Player und Flipchart holen kann.”* Das wäre etwas übertrieben, oder?

Interessenten wollen nur **grundsätzlich** wissen, was Sie tun. Aber wie erklären Sie eine Sache wie Network Marketing, bei der es sich etwas komplizierter verhält? Sagen Sie es z.B. auf die folgende Weise?

„Nun, in meinem Geschäft kaufen Sie die Produkte meiner Firma zum Großhandelspreis und verkaufen diese zum Einzelhandelspreis. Die Differenz stellt den Einzelhandelsgewinn dar, der wiederum der Brutto- nicht der Nettogewinn ist – je nachdem wie es mit ihrer steuerlichen Situation aussieht und dann haben Sie noch verschiedene Ebenen von Menschen die mit anderen Menschen reden und zu Beginn wächst es eher langsam, aber später können Sie auch kostenlose Reisen unternehmen, wenn Ihr Gruppenvolumen und ihr persönliches Volumen für eine Qualifikation ausreichen ...”

Wo fangen Sie an? Wo hören Sie auf?

Lassen Sie uns also jetzt eine gute Erklärung finden, damit uns nicht noch länger viele wertvolle Provisionszahlungen entgehen, weil wir niemals in der Lage sind, das Interesse der Menschen zu gewinnen.

Zwei weitere Katastrophenbeispiele.

Als ich begann, waren all meine Eisbrecher-Formeln eine Katastrophe. Die beiden folgenden Formeln sollten sie unbedingt vermeiden.

Zuerst fragten mich andere, was ich beruflich täte. Ich wusste nicht, was ich sagen sollte, also sagte ich **gar nichts.** Glauben Sie mir, das war nicht besonders erfolgreich. Die Leute sahen mich an, als ob ich ein Idiot sei, der noch nicht einmal wusste, was er von Beruf macht!

Zweitens wusste ich, dass ich irgendetwas sagen musste, wenn Andere mich fragten, was ich von Beruf täte. Um Peinlichkeiten zu vermeiden, wechselte ich einfach das Thema. Ich sagte: *„Also, was ich mache, ist ... hey, schauen Sie! Dort fliegt Superman!"* Damit hatte ich das Thema gewechselt und die Peinlichkeit war kurzfristig vermieden. Aber hierdurch erschuf ich immer noch keine ernst zu nehmenden Ergebnisse.

Eines Tages erkannte ich schließlich, dass Menschen **reaktiv** sind. Erinnern Sie sich daran, wie der Fremde auf Sie reagiert hat, als sie ihm die € 100 gegeben haben? Und wie der Fremde eine andere Reaktion gezeigt hat, als Sie ihm auf die Nase geschlagen haben?

Das Prinzip dahinter lautet wie folgt:

„Menschen reagieren auf Sie, und sich selbst können Sie kontrollieren."

Ändern Sie einfach, was Sie sagen und tun und Menschen werden anders reagieren.

Eine bessere Lösung.

Menschen werden Sie danach fragen, was Sie beruflich tun. Bedenken Sie, die Worte, die Sie für Ihre Antwort auswählen, werden entweder:

1. **Diese Menschen in gute Interessenten verwandeln, die nach Gründen suchen, einzusteigen. Und welche diese Menschen dazu bringen, nach weiteren Informationen zu fragen und Sie um eine Präsentation zu bitten.**

Oder, ...

2. **Diese Menschen in schlechte Interessenten verwandeln, die schnell das Thema wechseln und die dann sagen, "Oh, und wie ist das Wetter bei Ihnen zu Hause?" Und dann werden diese Leute eine schnelle Ausrede finden, um sich mit jemand**

Anderem zu unterhalten.

Denken Sie darüber nach. Menschen **müssen** reagieren. Was wünschen Sie sich, wie diese Reaktion auf Ihre Antwort ausfallen soll?

Ich wette, dass Sie sich die folgende Reaktion wünschen.

Nachdem Sie Ihren Interessenten gesagt haben, was Sie beruflich tun, wird deren Reaktion lauten:

„Oh, wirklich? Wie funktioniert das?"

Sie haben diese Interessenten in gute Interessenten verwandelt, die nach Gründen zum Einsteigen suchen. Sie möchten gerne weitere Informationen haben und bitten Sie um eine Präsentation.

Nun, wenn Sie die genaue Reaktion kennen, die Sie sich von Ihrem Gesprächspartner wünschen, wäre es dann nicht leicht, diejenigen Worte zu gestalten, damit Sie genau diese Reaktion erhalten?

Die Worte, die ich gerne von Interessenten hören möchte, lauten:

„Oh, wirklich? Wie funktioniert das?"

Wenn Ihre eingeübte Antwort auf die Frage *„Was machen Sie beruflich?"* zu der Reaktion *„Oh, wirklich? Wie funktioniert das?"* führt – wäre es dann nicht einfach, von hier aus fortzufahren? Ihr Interessent ist von dem, was Sie gesagt haben, begeistert und bittet um eine Präsentation.

Hier ist Formel Nr. 5.

Wenn Sie mich fragen: *„Was machen Sie beruflich?"* - dann werde ich die Formel Nr. 5 einsetzen, die wie folgt lautet:

„Ich zeige Menschen, wie ________ + löse ein Problem."

Jetzt wird es einfach. Sie werden diese Probleme erkennen. Sind Sie bereit?

- Ich zeige Menschen, wie man seinen Chef feuert.
- Ich zeige Menschen, wie man einen zusätzlichen Gehaltsscheck bekommt.
- Ich zeige Menschen, wie sie sich den Weg zur Arbeit sparen und von zu Hause aus arbeiten können.
- Ich zeige Menschen, wie man seine Arbeitszeit selbst bestimmt.

Erkennen Sie, wie wir Probleme lösen? Unsere Interessenten möchten gerne ihren Chef feuern, einen zusätzlichen Gehaltsscheck bekommen, um ihre Rechnungen zu bezahlen, weniger Zeit mit der Fahrt zur Arbeit verbringen und ihre Arbeitszeiten selbst bestimmen. Ihre Interessenten werden Sie dafür lieben, wenn Sie deren Probleme lösen und sie werden darauf mit der folgenden Antwort reagieren:

„Oh, wirklich? Wie funktioniert das?"

Das ist eigentlich zu einfach, nicht wahr?

Einfach nur Probleme lösen. Fügen Sie das Problem (oder einen Nutzen, der das Problem löst) nach den Worten *„Ich zeige Menschen, wie …"* ein.

Möchten Sie weitere Beispiele?

Für Ihre Geschäftsgelegenheit:

- Ich zeige Menschen, wie sie bei vollen Bezügen zehn Jahre früher in den Ruhestand treten können.
- Ich zeige Menschen, wie sie nur noch drei Wochen im Monat arbeiten müssen, aber für vier Wochen bezahlt werden.

- Ich zeige Menschen, wie sie ihr eigenes Geschäft gründen, damit sie mehr Steuervorteile nutzen können.
- Ich zeige Menschen wie sie ihr eigenes nebenberufliches Geschäft gründen können, um schnellen Wohlstand aufzubauen.
- Ich zeige Menschen, wie sie nie wieder zur Arbeit erscheinen müssen.
- Ich zeige Menschen, wie sie einen sechsmonatigen Urlaub nehmen können – dreimal im Jahr. (Nun, das würde zumindest ihre Aufmerksamkeit wecken.)
- Ich zeige Menschen, wie sie des Morgens erst dann aufstehen müssen, wenn sie keine Lust mehr haben, weiter zu schlafen.
- Ich zeige Menschen, wie sie mehr Geld verdienen können als ihr Chef.
- Ich zeige Lehrern, wie sie ihr Geld ohne den Stress des Unterrichtens verdienen können.
- Ich zeige Großmüttern, wie sie ihr Leben interessant gestalten und noch dafür bezahlt werden.
- Ich zeige Polizisten, wie sie eine neue Laufbahn starten können, damit sich ihre Lebenspartner nicht jeden Tag Sorgen machen müssen.
- Ich zeige Hochschulabsolventen, wie sie sich eine Universität kaufen können, statt eine Universität zu besuchen (Zugegeben, hierin mag ein wenig Übertreibung stecken, aber es verankert diese Formel besser im Gedächtnis.)

Für Ernährungsprodukte:

- Ich zeige Menschen, wie sie noch vor dem Weckerklingeln vollständig energiegeladen aufwachen.

- Ich zeige Menschen, wie sie jede Nacht wie ein Baby schlafen können.
- Ich zeige Menschen, wie sie über Arthritis und Gelenkschmerzen nur noch lachen können, indem sie ihr morgendliches Getränk austauschen.
- Ich zeige Großmüttern, wie ihre Enkelkinder zu den Schlauesten in der Schule gehören können.
- Ich zeige Menschen, wie sie über die Heuschnupfensaison wieder lachen können.
- Ich zeige Menschen, wie sie über mehr Energie verfügen können - auf natürliche Weise.

Für Hautpflegeprodukte:

- Ich zeige Müttern, wie sie jünger aussehen können als ihre Töchter.
- Ich zeige Menschen, wie sie ihre Tränensäcke auf natürliche Weise verkleinern können.
- Ich zeige Menschen, wie sie sich in nur 21 Tagen von ihren Dehnungsstreifen befreien können.
- Ich zeige Menschen, wie ihre Haut so zart und jung wird, dass sie nicht aufhören können, sie zu berühren.
- Ich zeige Menschen, wie sie ihre Haut so frisch und rein werden lassen, dass sie kein Make-up mehr benötigen.

Für Diätprodukte:

- Ich zeige Menschen, wie sie auf leichte Weise wieder in ihre engen Jeans passen.

- Ich zeige Menschen, wie sie ihr Gewicht ein letztes Mal reduzieren und für immer aufrecht erhalten können.
- Ich zeige Menschen, wie man sein Körpergewicht mit einem speziellen Schokoladenshake wegtrinkt.
- Ich zeige Menschen, wie sie mit einer 30-tägigen Körperrunderneuerung wieder fit aussehen.
- Ich zeige Menschen, wie sie Gewicht verlieren können, selbst wenn sie dabei schummeln.

Für Reiseangebote:

- Ich zeige Menschen, wie man zum Tarif eines Reisebürokaufmanns verreisen kann.
- Ich zeige Menschen, wie sie sich bessere Urlaube leisten können, als im Haus der Schwiegermutter zu übernachten.
- Ich zeige Menschen, wie man bei Aufenthalten in Luxushotels viel Geld spart.
- Ich zeige Menschen, wie sie sich Urlaube leisten können, von denen andere Leute nur reden können.
- Ich zeige Menschen, wie man bei großartigen Urlaubsreisen die geheimen Schnäppchen findet.

Für natürliche Reinigungsprodukte:

- Ich zeige Müttern, wie sie sich von ihrem giftigen Reinigungsmitteln befreien und diese durch natürliche Produkte ersetzen können.
- Ich zeige Menschen, wie sie kindersichere Reinigungsmittel beim Putzen einsetzen können.

- Ich zeige Menschen, wie wir unsere Umwelt schützen können, indem man auf biologisch abbaubare Haushaltsprodukte umsteigt.

Für Finanzdienstleistungen:

- Ich zeige Menschen, wie sie für ihren Ruhestand sparen können, ohne ihr monatliches Budget ruinieren zu müssen.
- Ich zeige Menschen, wie sie schnell schuldenfrei werden und über eine erstklassige Bonität verfügen können.
- Ich zeige Menschen, wie sie durch ihre monatlichen Ausgaben ein Sparguthaben aufbauen können.
- Ich zeige Menschen, wie sie durch Steuerersparnisse mehr, statt weniger vom Leben haben.

Ja, es ist unglaublich einfach, dafür zu sorgen, dass unsere Interessenten sagen:

„Oh, wirklich? Wie funktioniert das?"

Natürlich wird nicht jeder Mensch so antworten. Manche Menschen hören nicht zu oder mögen nicht daran interessiert sein, was wir beruflich tun. Diese Uninteressierten werden einfach sagen: "Und wie ist das Wetter bei Ihnen zu Hause?"

Dies stellt eine einfache Möglichkeit für diese Menschen dar, um aus dem Gespräch auszusteigen – und dieser Ausstieg ist auch für Sie zurückweisungsfrei. Nichts passiert. Keine Zurückweisung.

Aber ... aber ... aber ...

Jetzt könnten Sie vielleicht denken: *„Oh, das ist klasse. Jemand fragt mich, was ich beruflich mache, ich verwende die Eisbrecher-Formel Nr. 5*

. . . aber Moment mal - mich fragt ja höchstens einmal im Monat jemand, was ich beruflich mache. Ich könnte ja verhungern, wenn ich jeden Monat darauf warten müsste!"

Das ist ein berechtigter Einwand. Stellen Sie sich aber folgendes vor:

An Ihrer Haustür stehen 1.000 Menschen, alle in einer langen Reihe hintereinander. Jeder von ihnen hat ein kleines Kärtchen mit der Anweisung, Sie danach zu fragen, was Sie beruflich machen. Jeder einzelne davon kommt auf Sie zu und fragt:

„Was machen Sie beruflich?"

Wenn Sie nun jedem Menschen Ihre beste Antwort anhand der Eisbrecher-Formel Nr. 5 geben würden, glauben Sie nicht, dass Sie all die nötigen Freiwilligen hätten, um für den Rest Ihrer Laufbahn genügend neue Leute zu sponsern? Es wäre ganz einfach!

Sie könnten wählerisch sein. Einige dieser 1.000 Menschen werden nicht, manche werden interessiert sein. Nehmen Sie einfach nur die leichtesten. Sie könnten beispielsweise zum Interessenten Nummer 671 sagen: *„Mir gefällt nicht, wie sie aussehen. Der nächste bitte"*.

Niemand zwingt Sie, jeden Menschen zu nehmen oder zu überzeugen. Sie akzeptieren einfach nur die leicht zugänglichen Freiwilligen, die wohlwollend auf Ihre Antwort reagiert haben, nachdem Sie gefragt wurden, was Sie beruflich tun.

Natürlich gilt das nur, wenn das Leben perfekt wäre. Aber das Leben ist nicht perfekt und es stehen keine 1.000 Leute vor Ihrer Haustür. Aber was wäre, wenn täglich drei oder vier Menschen auf Sie zukämen und danach fragten, was Sie beruflich machen? Wie viele Personen wären das in einem Jahr? Mehr als 1.000. Hmmmm.

Nun bedenken Sie Folgendes: wenn Sie möchten, dass täglich drei oder vier Menschen auf Sie zukommen und danach fragen, was Sie beruflich machen, was müssten Sie dann tun, damit dies geschieht?

Alles, was Sie zu tun hätten, wäre drei oder vier Menschen zuerst danach zu fragen, was diese beruflich machen.

Diese Menschen werden 10 Minuten damit verbringen, über ihre langen, langweiligen Network Marketing-freien Leben zu erzählen und wenn sie damit fertig sind werden sie mit großer Sicherheit fragen: *„Übrigens – was machen Sie eigentlich beruflich?"*

Und Sie wissen genau, wie Sie diese Frage so beantworten müssen, um einen Interessenten zu erschaffen, der Sie um eine Präsentation bittet.

Wenn Sie also gerne 1000 Menschen haben möchten, die Ihnen die Frage stellen: *„Was machen Sie beruflich?"* – dann ist alles, was Sie tun müssen, jeden Tag drei oder vier Menschen die Frage zu stellen: *„Was machen Sie beruflich?"*

In nur einem Jahr könnten Sie mit dieser einen einfachen Technik all die notwendigen persönlich gesponserten Leute haben, die Sie jemals brauchen.

KAPITEL 16

Extrem schüchterne Vertriebspartner können das hier tun

Nehmen wir an, ich wäre ein extrem schüchterner Vertriebspartner in Ihrer Gruppe. Ich möchte gern erfolgreich werden, fremde Menschen ansprechen und eine Gruppe aufbauen. Aber ich habe Angst davor, mit Menschen zu reden.

Das wird nicht gut funktionieren, nicht wahr?

Aber als mein Sponsor können Sie mir helfen, eine einflussreiche Führungskraft mit einer großen Gruppe zu werden. Und zwar, indem wir das folgende einfache Gespräch führen.

Big Al: *„Oh, ich möchte gerne erfolgreich werden, aber ich bin zu schüchtern, um Menschen auf mein Geschäft anzusprechen. Was soll ich tun?"*

Sie: *„Nun, Big Al, zuerst einmal möchte ich, dass Sie niemandem etwas über Ihr Geschäft erzählen. Halten Sie es einfach geheim. Können Sie das tun?"*

Big Al: *„Ähm, ja, das kriege ich bestimmt hin."*

Sie: *„Als nächstes möchte ich, dass Sie niemandem etwas über Ihre Produkte oder Dienstleistungen erzählen. Reden Sie mit niemandem. Können Sie das tun?"*

Big Al: *„Ähm, ja, Das kriege ich bestimmt hin. Hey, ich glaube, das ist für mich viel einfacher. Übrigens, was soll ich denn eigentlich tun?"*

Sie: *„Alles, was ich mir von Ihnen wünsche, ist, dass sie mir helfen, den Weltfrieden herzustellen. Das ist alles. Nun, mit Sicherheit haben Sie schon den Spruch gehört, 'Denke global, handle lokal.'"*

Big Al: *„Ja, das habe ich schon gehört. Aber den Weltfrieden herzustellen ist eine große Aufgabe, nicht wahr? Ich würde gerne helfen, auch wenn es nur lokal der Fall sein wird. Was also möchten Sie gerne, dass ich vor Ort tun soll?"*

Sie: *„Der einfachste Weg, um den Weltfrieden herzustellen, besteht darin, jeden Tag drei oder vier Menschen dabei zu helfen, sich gut zu fühlen. Können Sie das tun?"*

Big Al: *„Gerne. Aber wie helfe ich jeden Tag drei oder vier Menschen dabei, sich gut zu fühlen?"*

Sie: *„Ganz einfach. Bringen Sie sie einfach dazu, über sich selbst zu reden. Menschen lieben es, über sich zu reden."*

Big Al: *„Hört sich gut an, aber wie bringe ich Menschen dazu, über sich selbst zu reden?"*

Sie: *„Ganz einfach. Stellen Sie ihnen einfach eine Frage."*

Big Al: *„Ähm, aber welche Fragen soll ich ihnen stellen?"*

Sie: *„Wie wäre es mit der Frage, was sie von Beruf tun? Das wäre etwas, das sie leicht beantworten können, denn Menschen reden gern über sich selbst."*

Big Al: *„Okay, ich habe verstanden. Ich frage einfach nur jeden Tag drei oder vier Menschen danach, was sie von Beruf tun, dann erzählen sie von sich selbst und ich helfe dabei, den Weltfrieden herzustellen. Das kann ich tun."*

Sie: *„Sehr gut. Oh, und manchmal kommt es vor, dass Menschen, die ihre Erzählung beendet haben, was sie von Beruf tun, danach fragen,* *was Sie beruflich machen. Sie sollten Ihnen eine Antwort geben. Es wäre unhöflich, wenn Sie sagen würden ‚Kann ich nicht darüber sprechen. Ist streng geheim.' Wenn also jemand danach fragt, was Sie von Beruf tun, sagen Sie einfach, ‚Ich zeige Menschen, wie man seinen Chef feuert.' Das ist alles."*

Big Al: *„In Ordnung. Ich hoffe, sie fragen mich nicht. Ich bin schüchtern. Aber wenn sie es tun, werde ich antworten, ‚Ich zeige Menschen, wie man seinen Chef feuert.'"*

Sie: *„Oh, und manchmal könnte es sein, wenn Sie die Antwort, ‚Ich zeige Menschen, wie man seinen Chef feuert' geben – dass Sie von der anderen Person gefragt werden: ‚Oh, wirklich. Wie funktioniert das?' Wenn man Ihnen diese Frage stellt, keine Angst. Sagen Sie ihnen einfach, dass ich diese Frage für sie beantworten kann und dass ich sie anrufen werde."*

Big Al: *„Puhh. Vielen Dank. Ich werde jeden an Sie weiterleiten, der diese Frage stellt. Vielleicht kann ich später lernen, sie selbst zu beantworten."*

Erkennen Sie hier einen Plan, mit dem selbst der schüchternste Mensch der Welt ein Network-Geschäft aufbauen kann? Einfach dadurch, indem man jeden Tag drei oder vier Menschen die Frage stellt *„Was machen Sie beruflich?"* kann praktisch jeder genügend Freiwillige finden, um ein großes und erfolgreiches Geschäft aufzubauen.

Schüchterne Menschen sind großartig. Sie sind nur schüchtern, nicht faul. Auch diese Menschen möchten gerne ein Geschäft aufbauen.

KAPITEL 17
Formel Nr. 6

Dies ist eine zweite Möglichkeit, um die Frage „Was machen Sie beruflich?“ zu beantworten. Sie ist etwas komplizierter, aber manchen Vertriebspartnern gefällt sie besser. Warum?

Weil unsere Interessenten bequem sind. Sie wollen nicht nachdenken, und diese Formel übernimmt das Denken für diese Menschen. Sehen Sie, wenn Sie einem Interessenten erzählen, was sie von Beruf machen, muss sich dieser zuerst selbst die Frage stellen “Lässt sich damit ein Problem lösen, an dem ich leide?”

Statt also den Interessenten die Verantwortung zu überlassen, sollten wir diese schwere Arbeit lieber selbst übernehmen. Und hier ist die Formel:

1. **„Ach*, Sie wissen ja, wie, ... (Problem)”**
2. **„Nun, was ich tue, ist ... (Lösung)”**

Wenn Sie auch mein Buch *„Wie man umgehend für Vertrauen, Glauben, Einfluss und eine Verbindung sorgt“* kennen, dann wissen Sie bereits, wie wirkungsvoll der Satz *„Ach, Sie wissen ja, wie ...“* auf unsere Interessenten wirkt. Unsere Interessenten werden das, was Sie sagen, sofort als die Wahrheit akzeptieren. Das ist ein großer Schritt. Ihr Interessent wird nicht infrage stellen, ob das Problem, das Sie beschreiben, für viele Menschen kein wahres Problem sein mag.

Wenn Sie dann erklären, was Sie beruflich tun, liefern Sie eine

*Das Wörtchen „Ach“ sollte in dieser Formel natürlich positiv überschwänglich, nicht mit Leidensmiene betont werden.

Lösung für dieses Problem. Es ist leichter zu zeigen, als tatsächlich zu erklären.

Nehmen wir an, jemand fragt Sie: *„Was machen Sie beruflich?"*

Sie können antworten:

„Ach, Sie wissen ja, wie wir alle jeden Monat stapelweise Rechnungen in unseren Briefkästen vorfinden?

Nun, was ich tue, ist Menschen zu zeigen, wie sie einen zusätzlichen Gehaltsscheck in ihrem Briefkasten vorfinden, um all diese Rechnungen bezahlen zu können."

Was geht Ihrem Interessenten in diesem Moment durch den Kopf? Er wird vermutlich denken: *„Ja, ich habe eine Hypothekenrate, eine Steuerzahlung, eine Kreditkartenabrechnung, eine Fahrzeugrate ... Mann, ich habe echt eine Menge Rechnungen zu bezahlen. Und ja, es wäre toll wenn ich jeden Monat einen zusätzlichen Gehaltsscheck bekommen würde, um all diese Rechnungen bezahlen zu können. Ich muss unbedingt mehr darüber erfahren!"*

Wieder einmal bittet uns der Interessent um eine Präsentation. Das Leben ist schön.

Hier sind weitere Beispiele, wie sich Ihre Antwort anhören kann, wenn Sie gefragt werden: *„Was machen Sie beruflich?"*

Für Ihre Geschäftsgelegenheit:

- Ach, Sie wissen ja, wie wir alle unsere tägliche Arbeit hassen? Nun, ich zeige Menschen, wie sie ihren Chef feuern können.
- Ach, Sie wissen ja, dass man an den meisten Arbeitsplätzen nicht genug verdient? Nun, ich zeige Menschen, wie sie einen zweiten Gehaltsscheck bekommen, um ihr Leben einfacher zu machen.

- Ach, Sie wissen ja, wie wir es alle hassen, bei der Fahrt zur Arbeit und zurück im Stau zu stehen und all diese Zeit zu verlieren, die wir mit unserer Familie verbringen könnten? Nun, ich zeige Menschen, wie sie von zu Hause aus arbeiten können.

- Ach, Sie wissen ja, wie teuer die Dinge heutzutage alle geworden sind? Nun, ich zeige Menschen, wie sie mehr Geld durch ein angenehmes Zusatzgeschäft verdienen können.

- Ach, Sie wissen ja, wie schwer es heutzutage ist, selbst mit zwei Gehaltsschecks über die Runden zu kommen? Nun, ich zeige Menschen, wie sie ihr eigenes Geschäft nebenbei aufbauen können, damit es ihnen gelingt, all das Geld zu verdienen, das sie brauchen.

- Ach, Sie wissen ja, dass manche Menschen ein Problem mit zu viel Monat und zu wenig Geld haben? Nun, ich zeige Menschen, wie sie jeden Monat einen zusätzlichen Gehaltsscheck in ihrem Briefkasten vorfinden können, um dieses Problem zu lösen.

- Ach, Sie wissen ja, dass die Wochenenden immer zu kurz sind? Nun, ich zeige Menschen, wie sie jede Woche ein fünftägiges Wochenende haben können.

- Ach, Sie wissen ja, dass ständig nicht genügend Geld übrig bleibt, um etwas zur Seite zu legen? Nun, ich zeige Familien, wie sie ein Geschäft nebenbei aufbauen, mit dem sie ihr Sparkonto schnell auffüllen.

Für Ernährungsprodukte:

- Ach, Sie wissen ja, wie es wirklich schmerzt, älter zu werden? Nun, ich zeige Menschen, wie sie den Alterungsprozess bremsen und sich in nur sieben Tagen viel jünger fühlen können.

- Ach, Sie wissen ja, wie Enkelkinder schnell zu kleinen Quälgeistern werden können? Nun, ich zeige Großmüttern, wie sie über mehr Energie verfügen können als ihre Enkelkinder.

- Ach, Sie wissen ja, dass wir unsere Kinder gerne vor all den Bakterien in der Schule schützen wollen? Nun, ich zeige Ihnen, wie Sie ihre Kinder durch einen einfachen täglichen Schluck Saft am Morgen schützen können.

- Ach, Sie wissen ja dass wir unsere Kinder gerne gesund halten möchten und es hassen, frei nehmen zu müssen, um zum Arzt zu gehen? Nun, ich zeige Müttern, wie sie die gesündesten Kinder in ihrer Nachbarschaft haben können.

- Ach, Sie wissen ja, dass manche Menschen ständig ihren Blutzucker überprüfen müssen? Nun, ich zeige Menschen, wie sie ihren Blutzucker ohne Medikamente regulieren können.

- Ach, Sie wissen ja, wie müde wir uns alle nach einem langen Arbeitstag fühlen? Nun, ich zeige Menschen, wie man jeden Abend über 3 Stunden zusätzlicher Energie verfügt.

- Ach, Sie wissen ja, dass sich eine Menge Leute nach dem Mittagessen immer so schlapp fühlen und am liebsten einen Mittagsschlaf halten würden? Und, wenn sie von der Arbeit nach Hause kommen, in den Sessel fallen, nach der Fernbedienung greifen und hoffen, dass ihnen jemand etwas zu Essen hinstellt, bevor sie wegdösen? Nun, ich zeige Menschen, wie Sie mit ein paar morgendlichen Spezialvitaminen für den ganzen Tag energiegeladen sind.

Für Hautpflegeprodukte:

- Ach, Sie wissen ja, dass wir durch Fältchen „mehr Charakter" erhalten? Nun, ich zeige Frauen, wie sich Fältchen für zusätzliche zehn Jahre aufhalten lassen.

- Ach, Sie wissen ja, wie wir es hassen, Cortisoncreme auf die entzündete Haut unserer Kinder auftragen zu müssen? Nun, ich zeige Müttern, wie sie ihren Kindern durch natürliche Produkte helfen können, eine reine Haut zu haben.

- Ach, Sie wissen ja, wie wir es hassen, wenn sich unsere Fältchen im Schlaf noch verstärken? Nun, ich zeige Frauen, wie sie mit einer besonderen Nachtcreme dafür sorgen können, dass ihre Haut im Schlaf jünger wird.

- Ach, Sie wissen ja, wie wir uns alle wünschen, dass wir eine sanftere Haut hätten? Nun, ich zeige Frauen, wie ihre Haut in nur drei Tagen mit einer magischen Lotion sanfter wird.

- Ach, Sie wissen ja, wie wir uns alle wünschen, dass wir unsere Haut jünger und jünger werden lassen könnten? Nun, ich zeige Frauen, wie sie ihre Haut jede Nacht jünger werden lassen können und nach nur ein paar Wochen werden sie schon nicht mehr in der Lage sein, im Restaurant Alkohol bestellen zu können!

Für Diätprodukte:

- Ach, Sie wissen ja, wie wir so gut wie nie die Zeit zum Trainieren haben? Nun, ich zeige Menschen, wie man fit bleibt, indem man einfach nur das Frühstück ändert.

- Ach, Sie wissen ja, wie schwer es ist, Gewicht zu reduzieren - selbst wenn man nur den äußeren Teil der Donuts isst? Nun, ich zeige Menschen, wie sie abnehmen können - selbst wenn sie sogar das Loch vom Donut mitessen!

- Ach, Sie wissen ja, wie schwer es ist, sich gesund zu ernähren, weil wir alle so beschäftigt sind? Nun, ich zeige Menschen, wie sie ihren Körper in wahre Fettverbrennungsmaschinen verwandeln können.

- Ach, Sie wissen ja, wie schwer es ist, Gewicht zu verlieren - vor allem, wenn wir schwere Knochen oder ein Problem mit Schilddrüse oder Stoffwechsel haben? Nun, ich zeige Menschen, wie man Gewicht reduziert, indem man den Stoffwechsel wieder zurücksetzt.

- Ach, Sie wissen ja, wie gerne wir alle Pizza und Süßes essen? Nun, ich zeige Menschen, wie diese Zucker- und Fettkalorien durch den Einsatz einer magischen Pille nicht auf den Hüften bleiben.

- Ach, Sie wissen ja, wie aufwendig Sport und Training sind? Nun, ich zeige Menschen, wie sie auch ohne all das harte Training und die viele Anstrengung Gewicht reduzieren können.

- Ach, Sie wissen ja, dass viele Leute sich ständig zu Tode hungern, zum Sport rennen, seltsame Dinge essen – und das Gewicht kehrt trotzdem immer wieder zurück? Nun, ich zeige Menschen, wie sie durch unser spezielles Proteingetränk auf leichte Weise abnehmen können.

- Ach, Sie wissen ja, dass viele von uns allergisch gegen Sport sind, weil sie davon einen roten Kopf und Schweißausbrüche bekommen? Nun, ich zeige Menschen, wie sie schlank und fit werden können, während sie sich über ihrem früheren Trainer kaputt lachen. (Okay, vielleicht übertreibe ich ein wenig.)

Für Reiseangebote:

- Ach, Sie wissen ja, dass es uns allen an Zeit zum Reisen fehlt, weil unsere Arbeit alle Zeit in Anspruch nimmt? Nun, ich zeige den Menschen, wie sie tolle Kurzurlaube nehmen können, die in ihre Zeitpläne hineinpassen.

- Ach, Sie wissen ja, wie wir uns alle großartige Familienerinnerungen wünschen? Nun, ich zeige Familien, wie sie Traumurlaube zu Preisen erhalten, die sie sich leisten können.
- Ach, Sie wissen ja, wie teuer das Reisen sein kann? Nun, ich zeige den Menschen, wie man die besten Reiseangebote zum Einkaufspreis erhält.
- Ach, Sie wissen ja, wie es immer wieder darauf hinausläuft, dass ein Urlaub, der bezahlbar ist, bei den Schwiegereltern stattfinden musst? Nun, ich zeige Familien, wie sie begeisternde Ferien verbringen können, die trotzdem ins Budget passen.
- Ach, Sie wissen ja, wie wir uns alle ein Schnäppchen beim Reisen wünschen, aber meist nicht wissen, wie wir diese finden können? Nun, ich zeige Menschen, wie sie die besten Angebote für ihre Traumorte finden.

Für natürliche Reinigungsmittel:

- Ach, Sie wissen ja, wie wir alle die Umwelt schützen wollen, aber nicht die Zeit dafür finden? Nun, ich zeige Menschen, wie sie für einen großen Unterschied sorgen können, indem sie einfach nur die giftigen Reinigungsmittel in ihrem Haus austauschen.
- Ach, Sie wissen ja, wie wir es alle gern vermeiden möchten, giftige Chemikalien und Reinigungsstoffe in unserem Haus zu haben, wenn 24 Stunden am Tag Kinder bei uns sind? Nun, ich helfe Familien, natürliche und sichere Reinigungsmittel in ihrem Haushalt zu verwenden.
- Ach, Sie wissen ja, wie wir alle gerne organische Reinigungsmittel verwenden möchten, dass diese aber meist nicht so sauber putzen wie die scharfen gängigen Stoffe? Nun, ich zeige den Menschen, wie man mit einem natürlichen konzentrierten Reinigungsmittel arbeitet, das unsere Kleidung besser und sicherer reinigt.

Für Finanzdienstleistungen:

- Ach, Sie wissen ja, dass es nahezu unmöglich ist, heutzutage Geld zur Seite zu legen, wo die Lebenshaltungskosten so hoch sind? Nun, ich zeige den Menschen wie man Steuervorteile einsetzt, um damit all ihre Rücklagen zu finanzieren.

- Ach, Sie wissen ja, wie teuer Versicherungen sind, aber trotzdem brauchen wir sie? Nun, ich zeige Familien, wie sie preisgünstige Versicherungen erhalten können, so dass ihnen trotzdem noch genug Geld übrig bleibt, um das Leben zu genießen.

- Ach, Sie wissen ja, wie schwer es ist, schuldenfrei zu werden? Nun, ich zeige Menschen, wie sie ihre Schulden schnell abbezahlen können, damit sie mehr Geld haben, um das Leben zu genießen.

- Ach, Sie wissen ja, dass wir alle sterben müssen? Nun, ich zeige Menschen, wie sie Ihr Geld so managen, dass sie feiern und Spaß haben können, bevor sie abdanken. (Okay, vielleicht bin ich hier etwas zu weit gegangen?)

Ja, ein wenig Übertreibung hilft der Erinnerung auf die Sprünge. Dies ist eine weitere großartige Methode, die Frage *„Was machen Sie beruflich?"* zu beantworten.

KAPITEL 18
Und schlussendlich...

Ist es jetzt leicht für Sie, Interessenten dazu zu bringen, Sie um eine Präsentation zu bitten?

Ja!

Gehen Sie einfach zu der ursprünglichen Party zurück und betrachten sie all die unterschiedlichen Eisbrecher-Formeln, die wir einsetzen können. Die Gäste bei der Party haben gar keine andere Chance! Selbst wenn nur 20 Leute bei der Party anwesend sind, könnten wir leicht 8-10 Personen dazu bringen, uns um Präsentationen zu bitten. Wir können Folgendes einsetzen:

1. **Ich habe kürzlich erst herausgefunden ...**
2. **Wäre es in Ordnung, wenn ...**
3. **Finden Sie negative Menschen.** Möchten Sie gerne etwas daran ändern?
4. **Finden Sie positive Menschen und stimmen diese negativ.**
   Was sind Ihre zwei größten Probleme bei ...
5. **Ich zeige anderen Menschen, wie man ...**
6. **Ach, Sie wissen ja, wie ... (Problem einfügen).**

Partys zu besuchen würde nun Spaß machen, statt eine furchterregende Übung der Zurückweisung darzustellen. Der Unterschied?

Eingeübte Worte. Genau zu wissen, was man sagt.

Das ist auch der Grund, warum wir unsere neuen Vertriebspartner durch eingeübte Worte unterstützen müssen. Neue Vertriebspartner wissen noch nicht, wie man auf richtige Weise mit Menschen redet. Sie fangen gerade erst an. Halten Sie sie also davon ab, ungeübte, wirkungslose Worte geistigen Durchfalls von sich zu geben und enttäuscht zu sein. Bringen Sie ihnen jetzt professionelle Eisbrecher bei.

Sie mögen sich vielleicht fragen: „*Warum brauchen wir überhaupt so viele verschiedene Eisbrecher-Formeln?*"

Nun, wenn wir nur eine Formel kennen würden, wären wir eingeschränkt. Lassen Sie mich Ihnen ein Beispiel geben.

Nehmen wir an, dass Sie nur eine Methode kennen, das Eis zu brechen. Sie kennen den Satz: „*Was machen Sie von Beruf?*" Und wir nehmen an, dass Sie auch eine tolle Antwort haben. Trotzdem würden sie viele Gelegenheiten verpassen.

Eines Abends nach der Geschäftspräsentation halten Sie bei einem Imbiss an und bestellen Hamburger mit Pommes. Dann fragen Sie den Mitarbeiter: „*Was machen Sie von Beruf?*"

Aaaahhh.

Ja, es ist gut mehrere Möglichkeiten zu haben, das Eis zu brechen. Bei Ihren Kollegen wäre die Frage „*Was machen Sie von Beruf?*" ebenfalls ziemlich seltsam.

Es gibt Hunderte von Eisbrechern, die wir verwenden können. Dieses Buch sollte Ihnen ein gutes Verständnis darüber liefern, was ein Eisbrecher für Sie tun kann.

Wenn Sie auch mein Buch „*Wie man umgehend für Vertrauen, Glauben, Einfluss und eine Verbindung sorgt*" kennen, dann haben Sie vermutlich erfahren, dass ein weiterer großartiger Eisbrecher mit diesen vier Worten beginnt:

„Ich bin nur neugierig ..."

Jetzt, wo Sie nun wissen, wie einfach es sein kann, werden Sie mit Sicherheit noch weitere Eisbrecher entdecken und kennenlernen.

Oh, noch eine weitere Sache:

Denken Sie daran, dass alle Eisbrecher am besten funktionieren, wenn Sie sie verwenden.

Kostenlos

Erhalten Sie 7 Kurzberichte mit wirkungsvollen leichten Sätzen, die für neue, heiße Interessenten sorgen.

Entdecken Sie, wie lediglich ein paar richtige Worte Ihre Ergebnisse im Network Marketing für immer ändern können.

Erhalten Sie alle 7 kostenlosen Big Al-Kurzberichte noch heute unter:

www.mlm-training.com/tomschreiter

Über den Autor

Tom „Big Al" Schreiter hat mehr als 40 Jahre Erfahrung im Network Marketing und MLM. Als Autor der ursprünglichen „Big Al" Schulungsbücher in den späten siebziger Jahren hat er seitdem in mehr als 80 Ländern Vorträge darüber gehalten, wie man die genau richtigen Worte und Sätze wählt, um Interessenten dazu zu bringen, nachzudenken und „Ja" zu sagen.

Seine Leidenschaft sind Marketingideen, Marketingkampagnen und wie man das Unterbewusstsein auf einfache, praktikable Weise anspricht. Er hält ständig Ausschau nach Fallstudien außergewöhnlicher Marketingkampagnen, die uns nützliche Lektionen liefern.

Als Autor vieler Hörbücher ist Tom ein beliebter Sprecher bei Firmenveranstaltungen und örtlichen Events.

Weitere hilfreiche Produkte zum Aufbau Ihres Network Marketing Geschäfts von Tom Schreiter finden Sie hier:

www.mlm-training.com/tomschreiter